건강하고 쾌적한 제로에너지건축(ZEB)에 대한 이해

: ZEB 어린이집 시공 과정에서 사용되는 자재·설비 기술에 대한 이야기

목 차

1층 시공

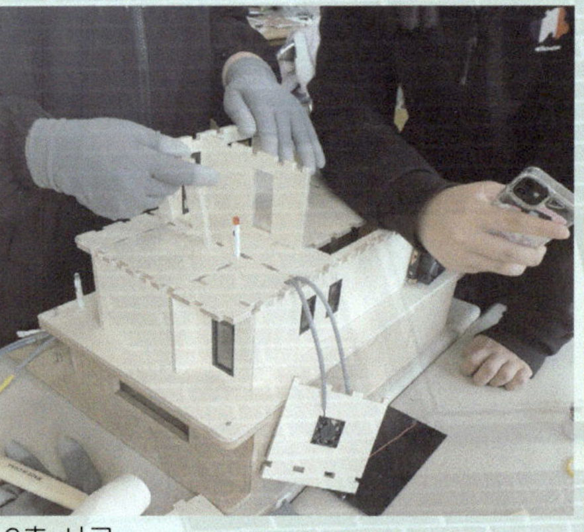
2층 시공

단열+마감재 시공

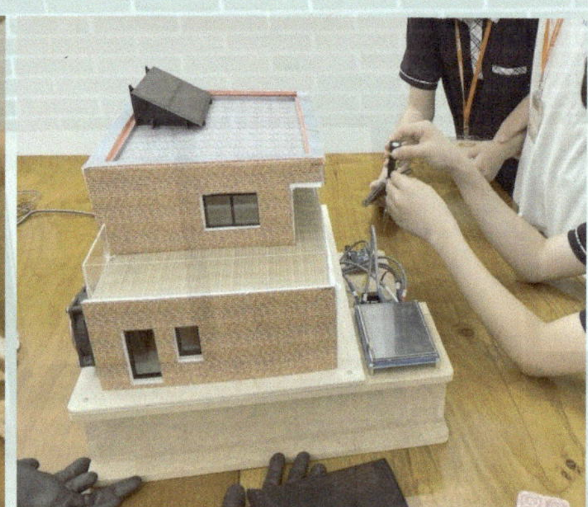
설비모니터링 시공

제로에너지어린이집 시공

제로에너지 어린이집의 시공 과정을 통해,
제로에너지건축에 꼭 필요한 패시브, 액티브, 신재생에너지, 그리고 BEMS 기술을 설명하고 있습니다.
다소 전문적인 내용보다는 전체적인 흐름을 쉽게 이해할 수 있도록 풀어 정리했으며,
중학생부터 전공자까지 누구나 읽을 수 있도록 현장 중심의 사례로 구성했습니다.
이를 통해 관련 기술이 실제 건축 현장에서 어떻게 응용되고 실현되는지 직접 확인할 수 있을 것입니다.

01 건축사 사무소에서 건축사는 무슨일을 할까 ?

친환경 건축에 관심이 많은 중학교 1학년 인지는 향후 진로 계획을 위해 RNB 건축사사무소를 방문했습니다. 사무실은 매우 분주하게 움직이고 있었습니다. 많은 직원들이 컴퓨터로 설계도면을 작성하고 있었습니다. 건물 한 쪽에 쭉 이어진 회의실에는 직원들이 모여 아이디어 회의를 진행하거나 제작된 건축모형으로 건축주와 미팅을 하는 모습을 볼 수 있었습니다.

인지 학생은 이곳에서 제로에너지건축(Zero Energy Building, ZEB)을 전문적으로 설계하는 RNB 건축사를 만나 이야기를 들었습니다.

RNB는 인지를 반갑게 맞이하며 이렇게 설명했습니다.

⦿ **제로에너지건축이란?**

"안녕, 인지 학생! 혹시 전기세 아까워해본 적 있지? 우리가 사는 집이나 학교는 전기를 써서 여름에는 시원하게, 겨울에는 따뜻하게 만들어 주기 때문에 많은 에너지가 필요해. 그런데 제로에너지건축(ZEB) 은 조금 특별한 건물이야. 이 건물은 자신이 쓰는 에너지를 거의 스스로 만들어서 사용하지, 예를 들어 1년에 난방·냉방·조명 등에 필요한 에너지가 100이라고 하면, 태양광 같은 재생에너지로 100을 생산해서 사용량과 생산량의 합이 '0'이 되도록 만드는 거지.

에너지를 적게 쓰기 위해 겨울엔 따뜻함이 오래가고, 여름엔 시원함이 잘 유지되도록 단열을 두껍게 하고, 열이 새어 나가지 않도록 기밀성 좋은 창문도 사용해.

그리고 꼭 필요한 에너지를 공급하는 장치들, 예를 들면 전기보일러, 에어컨, 펌프, 조명 같은 설비를 '액티브 설비'라고 하는데, ZEB에서는 이 설비들을 최대한 효율이 좋은 제품으로 사용해 에너지 소비를 최소화해. 이렇게 에너지사용량을 줄인 후 마지막으로, 건물에서 필요한 에너지는 옥상이나 벽면에 설치한 태양광 패널로 직접 생산해. 즉, 똑똑하게 에너지를 아끼고 스스로 만들어 쓰는 건물이라고 보면 돼. 뿐만 아니라 이런 건물은 지구환경에도 좋아. 에너지를 적게 쓰니까 온실가스 배출도 줄고, 지구온난화 문제 해결에도 도움이 되거든. 앞으로는 이런 건물이 점점 더 늘어날 거야."

⦿ **RNB 건축사처럼 '건축 설계 사무소'는 무슨 일을 할까?**

이어서 RNB는 자신들의 일을 이렇게 설명했습니다. "우리 건축 설계 사무소는 건물이 처음 태어나는 곳이라고 생각하면 돼. 사람들이 집이나 학교, 병원, 도서관을 짓고 싶다고 해서 바로 공사를 시작할 수는 없어. 어떤 모양으로 만들지, 방은 어떻게 배치할지, 창문은 어디에 둘지 등을 먼저 그림과 계획으로 정리해야 하거든. 그게 우리가 하는 일이야. 구체적으로는 이렇게 진행돼, 첫째 이야기 듣기: 건물을 사용할 사람들이 원하는 점을 먼저 들어(예: "햇빛이 잘 드는 교실이 필요해요." "주차장이 넓었으면 좋겠어요.") 두번째는 그림 그리기(설계도 작성): 건물의 모양, 방 배치, 창문 위치, 설비 위치 등을 도면(설계도) 으로 그려. 설계도는 말 그대로 건물을 만드는 '설명서'야. 그리고 세번째 안전·법규 검토하기: 건물이 안전하게 지어질 수 있는지, 건축법 등 관련 법규를 잘 지키는지 꼼꼼히 확인해. 네번째는 에너지·환경 고려하기: 요즘은 단열, 환기, 열교 차단, 차양, 지열 시스템, 태양광 등 친환경 요소도 반드시 함께 설계해야 해. 특히 ZEB 설계에서는 매우 중요한 부분이야. 마지막으로 공사 현장과 협력하기: 실제로 건물을 짓는 시공사(건설회사)와 계속 소통해서 문제가 없는지 확인하고 조정해. 이렇게 설계 사무소는 건물이 안전하고 편리하며, 에너지까지 절약할 수 있도록 탄생부터 완성까지 전체 과정을 책임지는 곳이야."

02 ZEB(Zero Energy Building) 건축설계

⦿ 건물에너지와 실내 쾌적한 환경을 검토하는 건축 설계

RNB건축사가 현재 진행하고 있는 프로젝트는 에너지 자립 건축을 목표로 하는 제로에너지건축 어린이집입니다. 기존 어린이집과 다르게 건물에서 사용되는 에너지를 제로로 만드는 기술이 접목된 친환경 건축 프로젝트입니다. 이러한 프로젝트를 완성하기 위해 건물 에너지를 고려한 *건축 계획, *기본 설계 및 *실시 설계를 진행하며, 최종적으로 설계 도면을 완성합니다. 설계 도면은 캐드(Computer Aided Design, CAD) 프로그램을 이용해 작성되며, 완성된 도면을 바탕으로 공사비를 계산한 내역서와 공사에 관련된 시방서를 작성하게 됩니다.

또한, 건물 에너지 계산도 병행하면서 제로에너지건축 성능을 달성 하기 위한 기술검토를 진행합니다. 각 방에서 필요한 에너지를 계산하며, 필요한 에너지를 공급하기 위한 난방, 냉방, 급탕, 조명 및 환기설비의 에너지를 계산해서 총 필요한 에너지를 결정합니다. 그리고 태양광, 지열 등 건물에서 생산하는 에너지가 총 필요로 하는 에너지를 만족하는지를 계산합니다. 부족한 경우, 필요로하는 에너지를 더 줄이기위해 단열, 창호, 환기 등 에너지 소비를 더 줄이기위한 기술 검토를 진행하게 됩니다.

RNB건축사는 인지와 직접 현장을 방문해 제로에너지건축 어린이집이 어떻게 지어지고 사용되는지 설명하기로 했습니다. 이를 통해 건축물이 설계되고 지어지기까지의 건축사의 역할과 그 과정에서 필요한 제로에너지건축을 구현하기위한 기술적인 내용도 배울 수 있는 좋은 기회가 될 것입니다.

*건축 계획: 건축가의 디자인 의도와 개념을 정립하는 도면 작성
*기본 설계: 법규 관련 건축 허가에 필요한 도면 작성
*실시 설계: 건물을 시공하기위해 필요한 도면 작성

ISO 52000 시리즈 기반 패시브제로에너지건축연구소에서 개발한 건물에너지 해석프로그램 ZEROFIX (기축, 리트로핏, 리모델링, 신축 건물 에너지해석)

03 ZEB 건축기술: 패시브, 액티브, 신재생

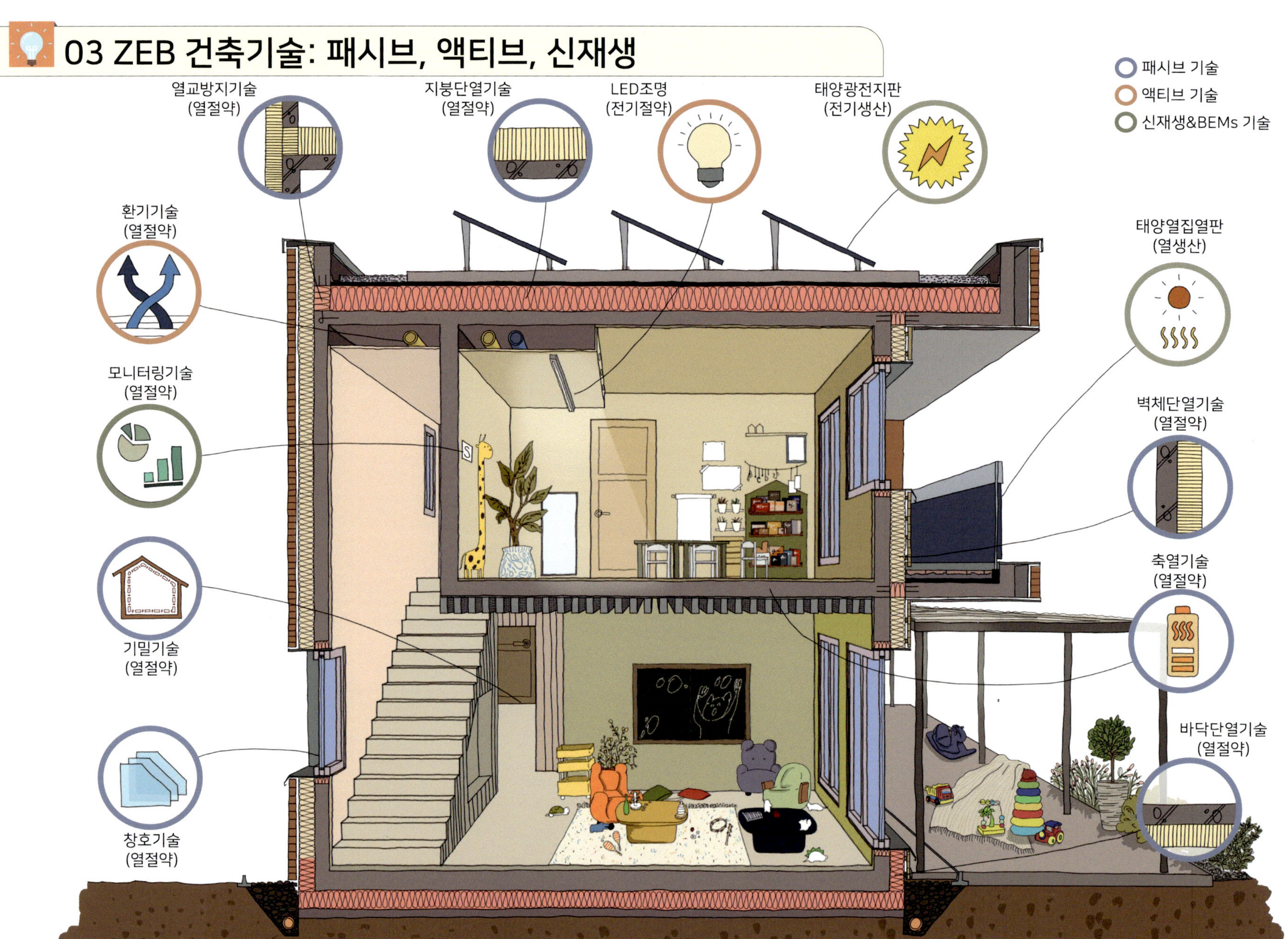

현장에 가기전에 먼저 제로에너지건축 기술에 대해 살펴보면 좋을거 같아.

제로에너지건축(ZEB)을 이루는 핵심 기술은 크게 패시브(passive), 액티브(active), 신재생에너지 세 가지로 구분되지.

1. 패시브 기술 (Passive) – "에너지를 최대한 아끼는 방법"

패시브는 계절에 따라 도움되는 자연환경은 최대한 활용하고, 방해하는 자연환경을 철저히 막는 기술이야, 왼쪽에 있는 도면처럼 바닥, 외벽, 지붕의 단열기술(두꺼운 단열재), 햇빛이 잘 드는 남측에 배치한 큰 고단열 창호, 바람이 새지 않는 기밀 기술, 태양 복사에너지를 효율적으로 활용하는 축열기술 등이 대표적이지. 즉, 건물이 스스로 에너지를 덜 쓰도록 설계하는 것이야. (보온병에 뜨거운 물을 오래 따뜻하게 지켜주는 원리: 보온병의 진공층을 통한 공기 열전달 방지와 열 방출이 낮은 알루미늄 소재로 복사 열전달을 방지하는 기술)

2. 액티브 기술 (Active) – "똑똑하게 에너지를 쓰는 방법"

액티브는 필요한 에너지를 '똑똑하게' 쓰게 해주는 장치야, 왼쪽에 있는 도면처럼 LED 조명, 환기장치(열회수형 환기장치)이외에 고효율 보일러, 고효율 에어컨(히트펌프), 고효율 펌프를 사용하면 같은 일을 하더라도 전기를 적게 쓰도록 해주지. (스마트폰 절전모드처럼, 최소한의 전력으로도 일을 잘하게 하는 기술)

3. 신재생에너지 (Renewable Energy) – "스스로 에너지를 만드는 방법"

세번째 단계는 건물이 직접 에너지를 만드는 거야, 이 방법은 물, 바람, 태양, 땅과 같이 고갈되지 않는 자연 환경을 이용해 전기와 열을 만들어 사용하는 기술이지. 대표적인 게 왼쪽에 있는 도면 처럼 태양광 발전(옥상에 패널 설치), 태양열 온수 이외에도 지열에너지, 풍력 등이 있어, 이렇게 만든 에너지로 건물에서 쓰는 에너지를 충당하는 거야.

그리고 마지막으로 **BEMS(Building Energy Management System) 기술** - "건물의 두뇌"

건물에는 조명, 냉·난방기, 환기장치, 엘리베이터, 콘센트 등 수많은 전기·에너지 장치들이 있어.

그냥 막 쓰면 전기가 낭비되지, BEMS는 이 장치들을 컴퓨터와 센서로 연결해서, 어디서 얼마나 에너지를 쓰는지 실시간으로 확인하고, 필요 없는 건 줄이고, 꼭 필요한 곳에만 효율적으로 쓰게 관리하는 시스템이야, 즉 건물의 "똑똑한 매니져"지

04 ZEB 실내환경: 건강하고 쾌적한 거주환경

* IAQ(Indoor Air Quality): 실내공기질을 의미하며, ISO 7730 기준에서 좋은 실내공기질은 충분한 실외공기를 실내에 공급하여 CO_2농도를 낮게 유지하는 것으로 평가됩니다.

음환경(쾌적음환경)
열환경(건강실내환경)
공기환경(IAQ good)

곰팡이방지 기술
(건강 실내환경)

오염물질 제거
(쾌적 공기환경)

흡음 패널
(쾌적 음환경)

배기
(*IAQ good)

결로방지
고효율 창호
(건강 실내환경)

필요 온,습도 공급
기술
(건강 실내환경)

소음방지 기술
(쾌적 음환경)

층간소음 방지
(쾌적음환경)

외기 유입 시
필터링
(*IAQ good)

제로에너지건축의 가장 큰 장점은 환경에도 좋지만 사람의 건강에도 좋다는 점입니다. 건강하고 쾌적한 실내환경을 만들기 위한 3가지 기술요소는 **열환경, 음환경** 그리고 **공기환경**입니다. 인지는 이부분에 대해 더 큰 관심을 가졌으며, RNB 건축사에게 자세한 설명을 요청했습니다. 그럼 우선 열환경부터 살펴 보겠습니다.

- **열환경:** 실내에서 편안하고 건강하게 지낼 수 있는 온도와 습도를 맞추는 것을 말합니다. 이게 간단해 보이지만 사실 쉽지 않은 작업입니다. 예를 들어, 일반적인 건물에서는 창문에 가까운 곳은 더 춥고, 천장이 높은 실내의 경우 윗쪽이 더 차갑게 느껴집니다. 같은 공간 안에서도 온도차가 일정하지 않아 위치에 따라 만족감이 달라 집니다. 그런데 제로에너지건축은 단열 성능이 매우 뛰어나요. 이 덕분에 실내 어떤 곳에 있어도 온도가 거의 일정하고, 천장이 높은 공간이나 큰 창을 설치해도 매우 쾌적한 환경을 제공합니다. 또 하나의 중요한 기술은 바로 열교 방지 기술입니다. 열교는 단열이 끊어지는 부분에서 에너지가 낭비되거나 온도가 고르지 않게 되는 현상인데, 이를 완벽하게 차단하는 기술이 바로 열교 방지입니다. 왼쪽 그림에서 볼 수 있듯이, 건물을 감싸는 단열이 끊어지지 않고 이어지는 모습이 확인됩니다. 이렇게 단열막을 제대로 설치하면 단열재 내부의 구조체 온도가 일정하게 유지되며, 실내 온도와 비슷해집니다. 실내에서 발생하는 곰팡이나 결로는 외부에 대해 실내를 감싸는 구조체의 표면 온도가 낮아 발생하는데, 열교 방지 기술을 적용하면 이러한 문제들을 근본적으로 차단할 수 있습니다.

- **음환경:** 우리가 집이나 학교에서 생활할 때, 너무 시끄럽거나, 소리가 울리거나, 불편한 소음이 있으면 집중하기 어렵고 불편하죠. 그래서 음환경을 잘 관리하는 것이 중요합니다. 제로에너지건축에서는 소리 차단과 소리 흡수를 동시에 고려합니다. **소리 차단:** 외부에서 들어오는 도로 소음이나 이웃 소리를 차단할 수 있도록 벽, 창문, 문 등을 특별하게 설계합니다. 예를 들어, 삼중창을 사용하거나 무게가 많이 나가는 벽체(220kg/m^2 이상)를 사용합니다. **소리 흡수:** 실내에서 소리가 울리는 것을 방지하거나 소음이 전달되는것을 막기 위해 흡음재를 사용합니다. 특히 천장과 바닥에 흡음재를 적용하면 소리가 반사되지 않고 흡수돼서 에코현상이 사라지며, 다른실로 소음도 전달되지 않아 쾌적한 환경이 가능합니다. 제로에너지건축에서는 단열 성능이 뛰어나기 때문에 소리가 잘 차단되고, 실내에서의 소리 반사도 최소화합니다. 열교 방지와 함께, 소음 문제까지 해결하면 실내는 더 조용하고, 생활하기 훨씬 편안해집니다.

- **공기 환경:** 추운 겨울철 또는 더운 여름철 에도 환기가 계속적으로 이루어지도록 하는 기술이 적용됩니다. 즉, 버려지는 실내 공기의 열만 빼앗아, 바깥 공기를 실내로 들여올때 그 열을 이용하는 열회수환기 장치를 사용합니다. 이러한 기술은 에너지 손실을 최소화하며 실내 공기를 신선하게 유지합니다. 또한 필터를 통해 외부의 오염된 요소들은 걸러주고, 실내에서 발생되는 오염 요소(라돈, 냄새, 석유로 만든 제품에서 나오는 휘발성 오염, 미세먼지 등)를 제거해 줍니다. 바깥 공기를 유입하게 되면 실내 이산화 탄소 농도가 낮아지며, 건강한 실내 환경이 만들어집니다. 자, 그럼 현장으로 가볼까요?

05 땅속 에너지를 이용하는 기초공사

* 압출법 보온판: 폴리스티렌이라는 재료를 이용해 만든 단열재로, 주로 건축물의 벽, 바닥, 지붕에 사용돼요. 압출법이란, 원재료를 고온에서 압력을 가해 비드 형태를 만드는 공정을 말해요. 압출법 보온판은 단열 성능이 매우 뛰어납니다. 보온판 내부는 기포로 가득 차 있어, 열전도율이 낮고 외부의 차가운 공기나 더운 공기가 실내로 들어오는 것을 효과적으로 차단합니다. 수분을 흡수하지 않아, 물에 젖지 않고 변형이 적습니다. 그래서 습기나 물이 많은 지하나 바닥, 지붕 단열에 매우 적합합니다. 또한 내구성이 매우 강해서, 물리적인 충격이나 압력에도 잘 견딥니다.

이곳은 집짓기의 첫 단계인 기초공사 현장입니다.

기초공사에서는 먼저 지열(땅속에 저장된 자연적인 열에너지)을 활용하기 위한 지열 배관 매립 공사가 진행됩니다. 지열은 연중 비교적 일정한 온도를 유지하기 때문에, 이를 건물의 안정적인 열원으로 활용할 수 있습니다. 지열 공사는 기초공사 단계에서 시작되며, 지면 아래에 매설된 파이프를 통해 땅속의 열을 건물로 전달합니다. 이렇게 얻은 에너지는 건물의 난방과 냉방에 사용되는 주요 에너지원이 됩니다. 여름에는 땅속의 시원한 온도를 이용해 실내를 냉각하고, 겨울에는 땅속의 따뜻한 열을 흡수하여 난방에 활용하는 방식입니다. 지열 파이프는 보통 기초공사 시 지면 아래 약 3~5m 깊이에 수평으로 설치됩니다.

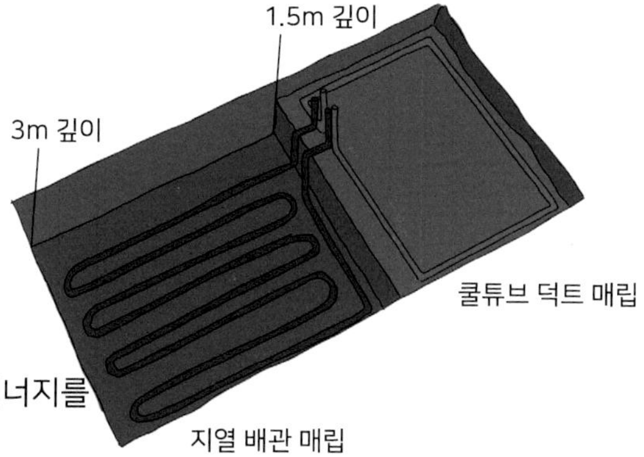

제로에너지건축은 충분한 단열 성능을 통해 열 손실을 최소화하기 때문에, 지열 배관을 수평으로 설치해도 효율적인 활용이 가능합니다. 이를 통해 주변 환경에 미치는 영향을 줄이면서도 안정적인 에너지 이용이 가능합니다.
또한, 기초공사 단계에서는 쿨튜브(Cool Tube System) 라는 추가적인 설비가 함께 적용되기도 합니다.
쿨튜브 시스템은 환기 시스템과 연계되는 공기 예열·예냉 장치로, 지면 아래 약 1.5~3m 깊이에 덕트나 배관을 매설하여 외부에서 유입되는 공기를 미리 데우거나 식혀 줍니다.
이 기술을 통해 환기 장치의 효율을 높이고, 건물 전체의 에너지 소비를 더욱 줄일 수 있습니다. 즉, 지열이라는 자연에너지를 적극적으로 활용하여, 건물의 에너지 효율을 극대화하고 에너지 사용을 최소화하는 것이 이 기술의 핵심입니다.

모든 건물은 무엇보다 기초가 튼튼해야 합니다. 이를 위해 먼저 땅을 단단하게 다지는 지반 다짐 작업이 이루어집니다. 이후 수돗물과 연결되는 상수관, 건물에서 사용한 물을 배출하는 하수관, 대·소변으로 사용된 물이 흘러가는 오수관, 그리고 전기 배선 등 건물 내부로 들어오는 각종 설비 배관을 설치합니다. 그 다음 버림 콘크리트를 타설하여 기초 공사를 위한 평탄한 바닥을 만듭니다. 제로에너지건축의 기초공사에서 특히 중요한 요소는 단열, 열교 방지, 그리고 환기장치와 연계된 지중열 예열·예냉 시스템입니다. 이러한 요소들은 건물의 에너지 절약 성능과 실내 환경의 쾌적성에 매우 큰 영향을 미칩니다. 제로에너지건축에서는 열교를 효과적으로 방지하기 위해 매트 기초를 주로 사용합니다. 매트 기초는 건물 바닥 전체에 넓게 깔리는 철근 콘크리트 구조의 기초로, 건물의 하중을 고르게 분산시켜 구조적 안정성을 높여줍니다. 또한 바닥 전체에 단열재를 연속적으로 설치할 수 있어, 단열이 끊기지 않고 유지된다는 장점이 있습니다. 단열 성능을 안정적으로 유지하기 위해서는 지면에서 올라오는 습기 차단도 매우 중요합니다. 이를 위해 버림 콘크리트를 타설한 후 PE 필름을 깔아 습기를 차단합니다. 그 위에는 습기에 강한 압출법 보온판(XPS, Extruded Polystyrene) 단열재를 설치하는데, 국내에서는 아이소핑크 단열재로 잘 알려져 있습니다. 왼쪽 공사 현장에서 보이는 것처럼, 매트 기초를 형성하기 위해 바닥 전체에 단열재가 연속적으로 설치된 모습을 확인할 수 있습니다.

06 우수이용 설비공사

* 우수 저장 탱크: 빗물을 저장하고 탱크안에 이물질이 들어가지 않도록 필커가 있고, 오랫동안 물이 썩지 않도록 환기구나 살균장치가 달리기고 합니다. 비가 너무 많이 오면 탱크가 넘칠수 있으니, 자동으로 물을 밖으로 빼내는 오버플로어(넘침방지장치)가 있습니다. 펌프와 연결하여 화장실, 청소, 조경용수로 물을 보낼수 있습니다.

- 환경 보호: 갑자기 내린 비가 하수도로 몰리지 않도록 홍수 위험을 줄여줘요.
- 상수도 절약: 수돗물을 아껴쓰게 돼요.
- 친환경 건물: 우리나라 "녹색건축물인증"의 핵심 설비로 평가 받을 수 있어요.

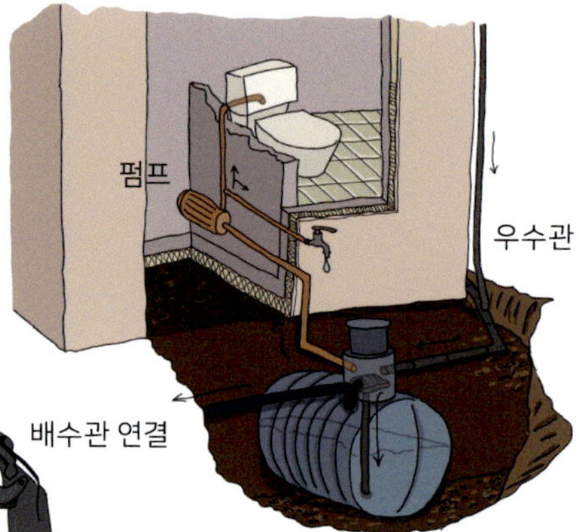

펌프

우수관

배수관 연결

우수저장탱크

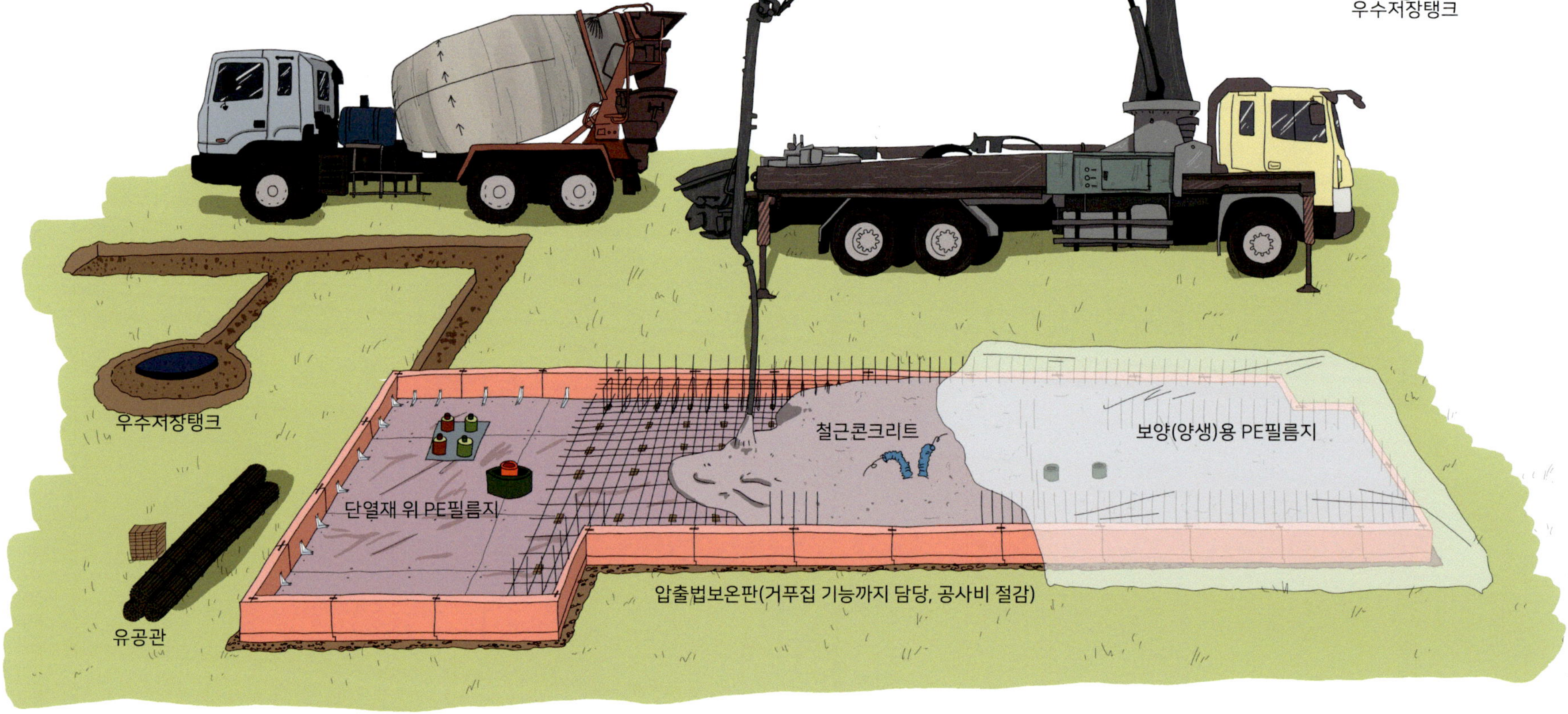

우수저장탱크

철근콘크리트

보양(양생)용 PE필름지

단열재 위 PE필름지

유공관

압출법보온판(거푸집 기능까지 담당, 공사비 절감)

⦿ 빗물이용시설 설치

비가 오면 지붕이나 마당에 떨어진 빗물은 대부분 그대로 하수도로 흘러가 버립니다. 이렇게 많은 빗물이 한꺼번에 하수도로 유입되면, 비가 많이 올 때 하수도에 부담이 커지고 도시 홍수로 이어질 수 있습니다. 하지만 빗물을 미리 저장해 두면 하수도로 흘러가는 물의 양이 줄어들어 하수도 부담을 덜 수 있고, 그만큼 도시 홍수의 위험도 낮출 수 있습니다. 또한 저장한 빗물은 화장실 세정수나 조경용수 등으로 다시 사용할 수 있어, 수도 사용량을 줄이고 수도요금 절감과 환경 보호에도 도움이 됩니다. 바로 이런 장치를 빗물이용시설이라고 합니다.

빗물 모으기 → 집 지붕이나 옥상에 내린 빗물을 모아요.

깨끗하게 거르기 → 먼지, 낙엽 같은 걸 걸러주는 필터를 통과해요.

탱크에 저장하기 → 커다란 물탱크에 모아 두어요.

필요한 곳에 사용하기 → 펌프를 통해 화장실 물 내릴 때, 꽃밭에 물 줄 때, 바닥 청소할 때 사용해요.

우수저장탱크로 가는 길에는 유공관(perforated pipe)이라는 작은 구멍이 뚫린 파이프가 사용됩니다. 이 관을 설치하면 지붕에서 모인 빗물이 먼저 땅속으로 스며들고, 다 스며들지 못한 나머지 물만 저장탱크로 흘러갑니다. 이렇게 하면 빗물을 그냥 하수도로 버리지 않고, 한 번 더 활용할 수 있어서 환경을 지키는 똑똑한 방법이라고 불리며, 설치 방법은 다음과 같습니다.

기초 외곽을 따라 자갈을 깐 후 유공관을 매설합니다.

유공관 위에 부직포(필터천)로 감싸서 흙이 관 구멍을 막지 않도록 합니다.

관 위와 주변을 다시 자갈로 덮어, 물이 잘 스며들게 합니다.

유공관은 지면 아래로 스며들고 남은 우수를 우수저장탱크로 연결돼서 흘려 보냅니다.

⦿ 열이 새지 않는 튼튼한 바닥 시공

왼쪽 그림처럼 최하층 바닥 시공시, 단열재 위에 PE 필름지를 깔아 줍니다. 콘크리트가 단열재 사이로 스며들면 열이 새어 나가는 틈(열교)이 생길 수 있습니다. 이를 방지하기위해 먼저 설치해 줍니다. 또, 단열재를 뚫고 지나가는 배관은 움직이지 않게 잘 고정하고, 콘크리트 타설될 부분은 단열재로 감싸 주어야 합니다. 그래야 배관이나 덕트 안이 차가워졌을 때, 그 주변에 물방울(결로수)이 생기지 않습니다. 마지막으로 철근을 짜 맞추고 콘크리트를 부어주면, 땅으로 열이 빠져나가지 않는 튼튼한 기초 바닥이 완성됩니다.

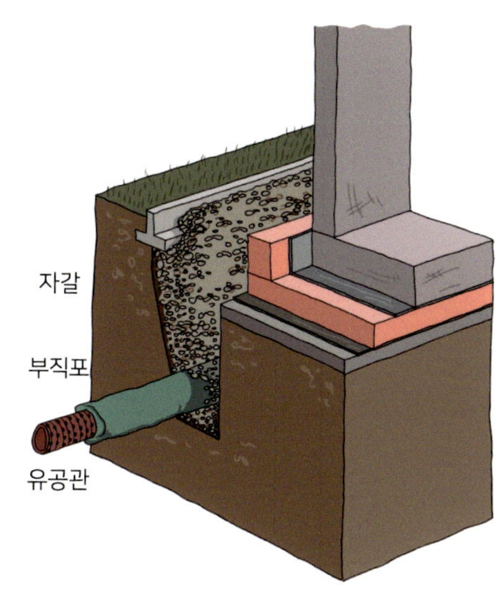

07 열교제로 철근콘크리트공사

* 철근콘크리트 구조: 콘크리트(시멘트 + 모래 + 자갈 + 물)만 쓰면 단단하지만, 휘거나 당기는 힘(인장력)에는 약해요. 철근(강철 막대기)은 휘거나 당기는 힘에는 강하지만, 눌리는 힘(압축력)에는 약해요. 그래서 두 재료를 합쳐서 쓰는 거예요. 콘크리트는 눌리는 힘(압축력)을 잘 버티고, 철근은 당기는 힘(인장력)을 잘 버티니까, 서로의 약점을 보완해 튼튼한 구조가 됩니다. 철근은 뼈대, 콘크리트는 근육과 살이라고 보면 되요.

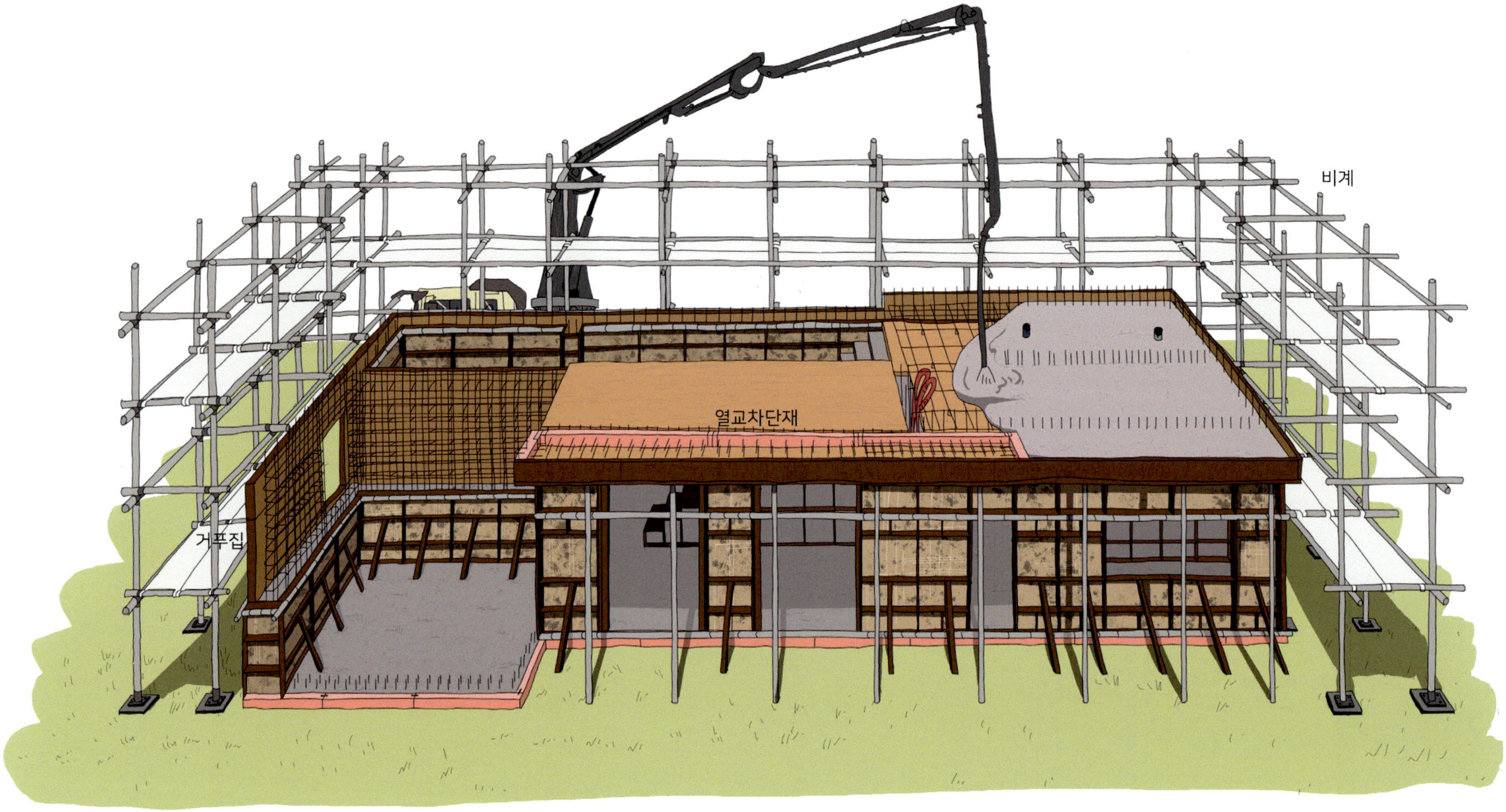

기초공사가 끝나면 골조공사가 시작됩니다. 골조는 건물의 하중과 건물 내부의 물건, 사람의 무게를 땅으로 전달하는 뼈대 역할을 하죠, 건물의 골조에는 철근콘크리트 구조, 철골구조, 목구조 그리고 조적(벽돌)구조가 대표적이에요. 제로에너지건축물인 어린이집은 철근콘크리트 구조로 되어 있습니다.

철근콘크리트 공사의 주요 과정은 먼저 비계공사 (Scaffolding)부터 시작합니다. 비계는 건물을 지을 때 작업자가 오르내리며 일할 수 있는 임시 발판 구조물입니다. 나무, 철파이프, 강철 재료 등으로 만들어지고, 벽이나 기둥에 고정해 사용합니다. 비계는 단순히 발판 역할만 하는 게 아니라, 안전망, 가림막을 설치해 작업자의 안전을 지켜주고, 자재를 운반하는 데도 쓰입니다.

비계공사를 마치면 거푸집(Formwork)을 설치합니다. 거푸집은 말 그대로 "콘크리트를 부어 넣는 틀"입니다. 콘크리트는 처음에는 진흙처럼 흐르는 상태라서, 그냥 두면 형태를 만들 수 없습니다. 그래서 나무판, 합판, 금속판 등으로 거푸집을 세워 벽, 기둥, 바닥 모양을 만들어 줍니다. (붕어빵을 구울 때 붕어빵 틀이 필요한 것처럼, 건물에도 콘크리트를 담을 틀이 필요합니다.)

그런 다음 철근 배근 (Rebar Reinforcement) 공사를 진행합니다. 철근은 콘크리트 속에 들어가는 강철 막대기입니다. 콘크리트는 눌리는 힘(압축력)에는 강하지만, 당기는 힘(인장력)에는 약합니다. 철근은 반대로 인장력에 강하니까, 두 재료가 합쳐져서 더 튼튼한 구조가 됩니다. 철근은 설계도에 맞춰 일정한 간격으로 배치되고, 서로 단단히 묶어서 하나의 뼈대처럼 만들어 줍니다.

거푸집과 철근이 준비되면 콘크리트 타설(Concrete Pouring) 즉, 그 안에 콘크리트를 붓는 작업을 합니다. 콘크리트는 시멘트 + 모래 + 자갈 + 물을 섞어 만든 건데, 반죽처럼 흘러서 거푸집 안을 가득 채웁니다. 이때 진동기(바이브레이터)로 잘 다져줘야 공기 구멍(기포)이 안 생기고 단단하게 굳습니다. 시간이 지나면서 콘크리트가 굳어져 돌처럼 단단한 구조체가 됩니다.

마지막으로 양생 (Curing) 과정이 필요합니다. 콘크리트는 바로 강해지는 게 아니라, 시간이 지나며 천천히 굳으면서 강도를 얻습니다. 그래서 일정 기간(5일) 동안 물뿌리기(양생)를 해서 수분을 유지해 주어야 cracks(균열)이 안 생기고 튼튼해집니다. 겨울에는 물뿌리기 대신 보온양생을 합니다.

철근콘크리트 구조는 튼튼하지만, 콘크리트는 열이 잘 전달되는 성질을 가지고 있습니다. 그래서 단열재를 아무리 잘 설치해도, 콘크리트 기둥이나 슬래브가 단열층을 뚫고 지나가면 그 부분이 열교(thermal bridge)가 됩니다. 열교 부위는 실내 온도와 구조체 온도의 차이가 커서 겨울에 결로나 곰팡이가 생기기 쉽습니다. 즉, 열교는 건물의 "틈새 구멍" 같은 존재입니다. 이 부분을 잡아주지 않으면, 제로에너지건축의 효과가 반감되죠. 열교차단재는 기초나 슬래브, 발코니, 기둥처럼 단열이 끊어질 수 있는 부분에 단열재 성질을 가진 특수한 블록/패널(발코니 열교 차단재, 파라펫 열교차단재 등)을 설치하는 장치입니다. 쉽게 말해, 단열재 사이를 관통하는 철근콘크리트 구조를 끊어 주는 장치라고 보면 됩니다. 이를 미리 설치해 두면, 건물 전체를 감싸는 단열막(thermal envelope) 즉 단열외피가 끊기지 않고 이어질 수 있습니다.

08 열교제로: 곰팡이·결로방지 철근 콘크리트 공사

* 열교차단재: 제로에너지건축은 단순히 "단열재를 두껍게 쓰는 것"이 아니라, 철근콘크리트 공사 단계에서부터 열교차단재를 미리 시공하여 단열외피가 완벽히 이어지도록 하는 것이 핵심이에요. 그래서 건물 전체가 마치 보온병처럼, 어디에서도 열이 새지 않는 구조가 되는 거죠.

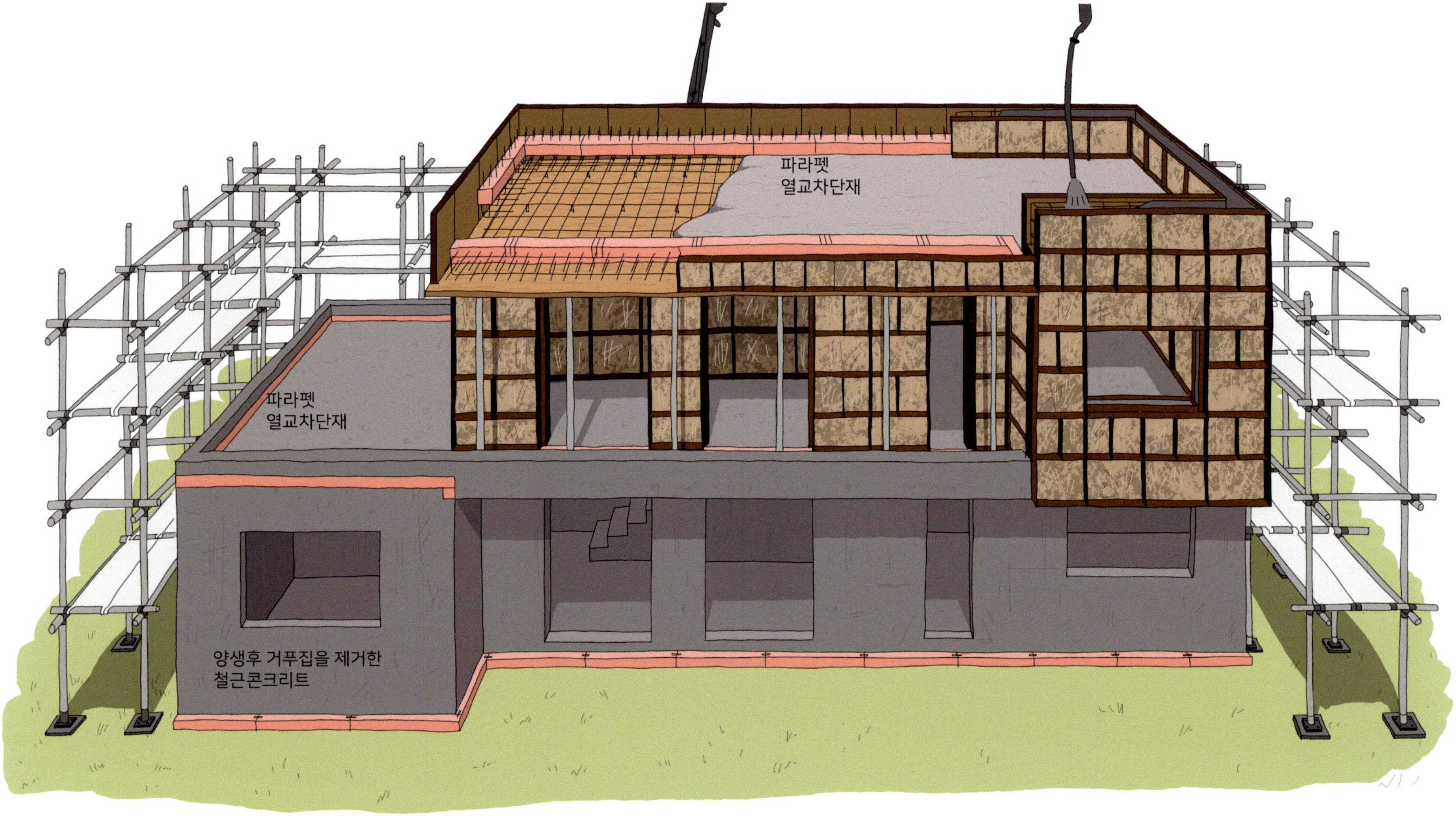

건물의 발코니 부분은 콘크리트 바닥이 실내에서 실외까지 이어지는 구조로 설계가 됩니다. 콘크리트는 열을 잘 전달하는 재료라서, 이 슬래브가 실내와 실외를 직접 연결하는 다리가 되어버립니다. 겨울이면 실내 난방열이 이 슬래브를 타고 외부로 빠져나가고, 반대로 외부의 차가운 냉기가 실내 쪽으로 스며들죠. 그 결과 에너지 손실이 커지며, 더욱 큰 문제는 곰팡이가 발생하게 되어, 거주자가 병이 드는 실내 환경이 만들어집니다. 이를 해결하는 자재가 바로 발코니 열교차단재입니다. 오른쪽 그림에서 보는것처럼 발코니 열교차단재는 단열재와 강도가 높고 열전도율이 낮은 스테인리스 스틸 연결장치로 구성된 블럭입니다. 콘크리트로 끊어진 단열재를 이어주고, 구조적인 강도는 안정하게 유지하는 장치입니다.

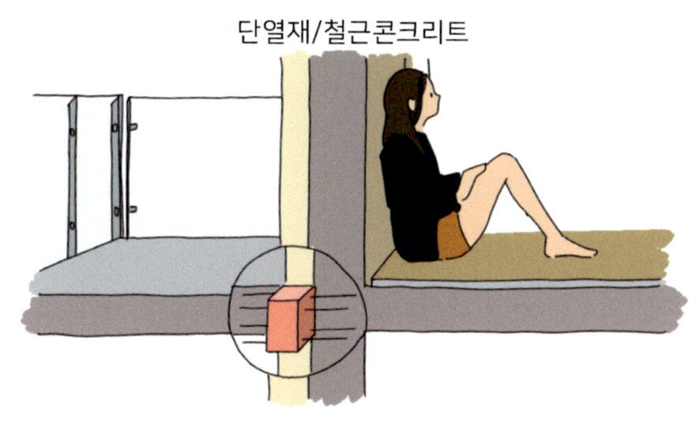

발코니 열교 차단재 설치

파라펫(parapet)은 건물 옥상이나 발코니 난간처럼, 지붕 위나 바닥 끝에 올라온 벽을 말합니다.
건물 외관을 꾸미거나, 난간 역할을 해서 사람이 떨어지지 않게 막아주는 기능이 있습니다.
그런데 파라펫은 보통 콘크리트로 지붕 바닥과 연결됩니다. 콘크리트는 열을 잘 전달하는 재료라서, 파라펫 부분 역시 실내와 실외를 잇는 열의 다리(열교)가 되어버립니다.

겨울에는 실내 난방열이 파라펫을 타고 밖으로 새어나가고, 반대로 차가운 공기가 파라펫을 통해 안으로 들어오죠. 이 때문에 옥상 가장자리 벽이나 천장 부근에 곰팡이와 결로가 생기기 쉽습니다.
이 문제를 해결하기 위해 쓰는 게 파라펫 열교차단재입니다.
고성능 단열재(오른쪽 그림에서는 압출법보온판이 적용되었어요)와 강도가 높으면서 열은 잘 전달하지 않는 스테인리스 스틸 장치로 구성된 특수 블록을 파라펫 부위에 설치합니다.
이렇게 하면 콘크리트로 끊긴 단열층을 이어주고, 파라펫이 무너지지 않도록 구조적 안전성도 확보할 수 있습니다.
발코니와 파라펫은 둘 다 콘크리트가 안과 밖을 연결하기 때문에 열교가 잘 생기는 대표적인 부위입니다. 그래서 발코니 열교차단재와 파라펫 열교차단재는 제로에너지건축에서 꼭 필요한 장치랍니다.

파라펫 열교 차단재 설치

 09 창호 설치공사: 시원한 여름, 따뜻한 겨울

* 커튼월: 건물 외벽을 두꺼운 콘크리트 벽 대신, 유리와 알루미늄 프레임으로 마감하는 공법이에요. 멀리서 보면 건물이 유리로 반짝이는 "유리 궁전"처럼 보이는 게 바로 커튼월입니다. 가볍고 세련되지만, 문제는 열이 잘 새고 단열이 약하다는 점이에요. 이를 막기 위해 쓰는 부품이 바로 단열바 알루미늄프레임이예요. 단열바는 알루미늄 프레임의 실내측과 실외측을 직접 연결하지 않고, 그 사이에 열을 막는 단열재(아존이나 복합재)를 삽입한 구조랍니다. 이렇게 하면 열의 다리(열교)가 끊어져서, 프레임을 통한 열손실을 크게 줄일 수 있습니다.

집에서 에너지가 가장 많이 새는 곳은 어디일까요? 바로 창문입니다. 벽은 두꺼운 단열재로 감싸지만, 창문은 유리라서 열이 쉽게 드나들 수 있습니다. 그래서 제로에너지건축에서는 특수한 창호를 사용합니다.
이 창호는 밖의 더운 공기나 추운 공기가 쉽게 들어오지 못하게 막아주고, 실내의 냉난방 에너지가 새어 나가지 않도록 지켜줍니다. 제로에너지 창호의 특징은 총 4가지로 구분합니다.

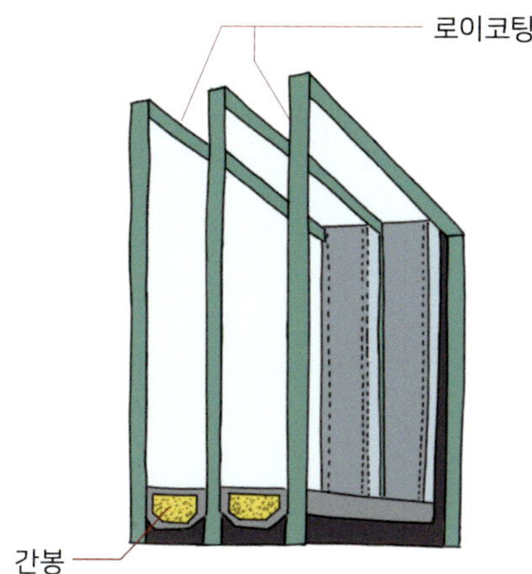

아로곤 가스가 충진된
로이코팅 삼중유리와 단열간봉

1. 삼중로이유리: 보통 창문은 유리 두 장이지만, 제로에너지건축에서는 오른쪽 그림 처럼 유리를 세 장 겹쳐서 사용해요. 유리 사이에는 공기보다 열전달이 훨씬 적은 기체(아르곤, 크립톤 등)가 들어 있어, 열이 전달 되는걸 막아줍니다. 특히 아르곤 가스가 많이 사용 된답니다. 실내측 그리고 실외측에 설치되는 유리는 로이(Low-Emission) 코팅 유리가 사용되요. 로이 코팅은 유리 표면에 아주 얇은 금속막을 입혀서, 열 방출을 낮게해서(일반 건축 자재는 90% 열방출을 하지만, 로이코팅을 하면 10%이하로 열방출이 낮아져요.)열전달이 잘 안되도록 해주는거죠, 단 빛은 통과시켜요. 덕분에 겨울에는 난방열이 밖으로 나가지 않고, 여름에는 뜨거운 햇빛이 덜 들어와 실내를 시원하게 해 줍니다.

2. 창호 프레임: 아무리 고효율 유리를 적용했다 하더라도, 프레임의 단열 성능이 약하면 소용이 없습니다. 프레임에 사용되는 재질은 플라스틱(PVC), 목재, 알루미늄입니다. 알루미늄 프레임은 열이 잘 전달되기 때문에 반드시 열을 차단해 주는 부위가 필요하며 차단 부위가 적용 된 프레임을 단열 프레임이라고 합니다. 플라스틱 프레임의 경우 오른쪽 그림에서 보여지는 것처럼 프레임 안에 공기층 개수가 매우 중요해요. 공기층 개수가 많을수록 열전달이 잘안되는 단열성능이 우수한 제품입니다.

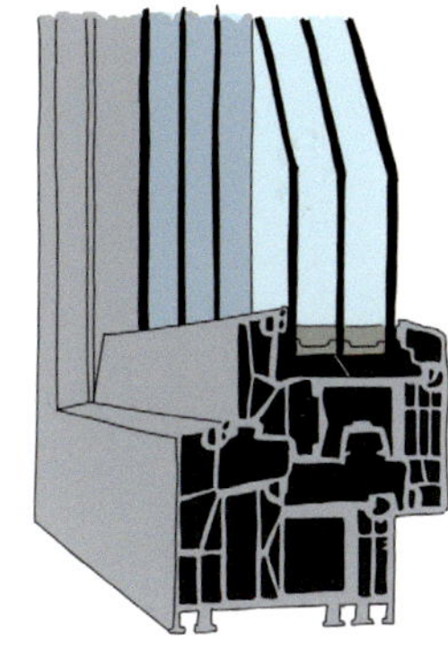
7개 공기층을 가진
PVC 창호 프레임

3. 간봉: 세번째로 유리와 유리사이의 간격을 일정하게 유지해주는 막대를 간봉이라 하는데 이에 대한 기술이 중요합니다. 간봉은 유리내부로 수증기가 들어오지 못하도록 알루미늄을 주로 사용합니다. 그로 인해 열손실이 커지게 되는데, 이를 해결하기위해 스테인리스나 복합 플라스틱 재질을 사용해, 열전도율을 낮추고 단열 효과를 크게 높여줄 수 있는데, 이를 흔히 "단열 간봉(Warm-edge Spacer)"이라고 합니다.

4. 창호의 기밀성능: 창문 틈새로 바람이 새면 안 되겠죠? 제로에너지건물에 사용되는 창호는 고무 패킹과 특수 구조로 바람이 새는 틈을 없애, 에너지 손실을 최소화합니다.

10 창호 기밀공사: 곰팡이·결로 방지시공

* 방습(Vapor Barrier): 습기(수증기)가 건물 구조 속으로 들어가지 못하게 막는 것이에요. 실내 공기에는 수증기가 많아요. 이 수증기가 벽 속 단열재에 들어가면, 차가운 부분에서 상대습도가 80%이상이면, 곰팡이가 생기고 100%를 넘으면 물방울(결로)로 변합니다. 그러면 재실자의 건강도 나빠지고 건물이 상하게 됩니다.

* 투습(Breathability): 방습과 반대 개념처럼 보이지만, 사실은 습기가 갇히지 않고 밖으로 빠져나갈 수 있게 하는 것이에요. 건물 안쪽에서 생긴 습기가 완전히 막혀버리면 내부에 곰팡이가 생겨 더 큰 문제가 돼요. 그래서 실외측에는 "숨 쉬는 막"인 투습방수층을 둡니다.

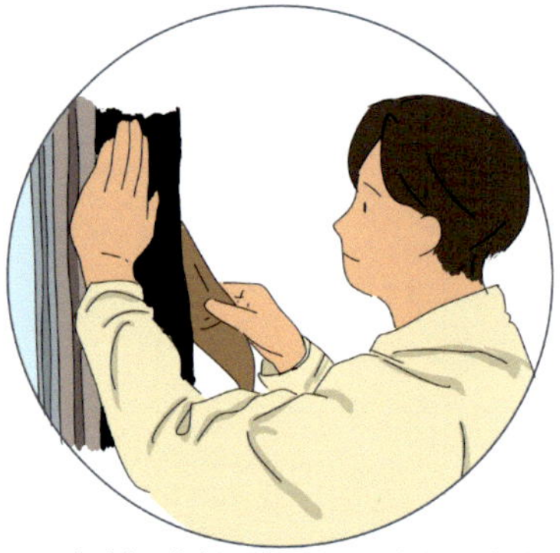

실외측 기밀(투습/방수) 테이프 작업

창호설치면 단열 작업
폴리우레탄 폼 충진

창호는 벽에 뚫린 구멍(개구부)에 딱 맞게 설치돼야 해요. 하지만 아무리 정밀하게 시공해도 창과 벽 사이에 작은 틈새가 생기죠. 이 틈새를 그냥 두면 바람이 새고, 습기가 들어와서 곰팡이·결로가 생길 수 있습니다.
그래서 창호 시공 시, 벽과 창 사이 틈새를 특수 테이프로 마감해 기밀 성능을 유지합니다.

- ⊙ **실내쪽(안쪽)에 붙이는 테이프는 방습테이프라고 합니다.** 실내의 따뜻한 공기에는 수증기가 많이 포함되어 있는데, 이 수증기가 창과 벽 사이 틈으로 들어가면 단열재 속에서 곰팡이와 결로(물방울)가 발생합니다. 방습테이프는 이런 수증기 이동을 막아주는 역할을 합니다.
- ⊙ **실외쪽(밖쪽)에 붙이는 테이프는 투습방테이프라고 합니다.** 밖에서 비가 새거나 바람이 들어오는 것은 막아주지만, 혹시 내부에서 생긴 습기는 밖으로 빠져나갈 수 있게 해 줍니다. 즉, 물과 바람은 막고, 습기는 내보내는 '똑똑한 테이프'입니다.

벽과 창호 사이의 빈 공간(프레임 주변 틈새)에 발포 우레탄폼 같은 단열재를 채워 넣어요. 이렇게 하면 바람이 새지 않고, 열손실을 최소화할 수 있습니다.
즉, 빈틈이 아예 없도록 "빽빽하게 채워 넣는" 방식입니다. 경화되어 딱딱하게 굳는 우레탄폼보다 연질형 우레탄폼을 사용하면 단열 및 차음성능이 더욱 향상됩니다.

기존 방식은 창과 벽 사이 틈새에 모래를 채운 후 마감을 할 경우 스펀지 같은 막대(백업재)를 먼저 끼우고, 그 위에 실런트(코킹재, 실리콘 같은 재료)를 발라 마감하는 방식이었습니다. 장점은 시공이 간단하고, 비용도 저렴해서 오래 쓰여 왔지만, 모래를 채운 부위는 단열성능이 낮아져 에너지 소비가 커지고, 시간이 지나면 실런트가 갈라지거나 떨어져 틈이 생기며, 그 틈으로 바람·습기·곰팡이 문제가 발생하기 쉽습니다. 실내환경을 건강하고 쾌적하게 유지하는 제로에너지건축과는 맞지않는 방식입니다. 따라서 비용이 높아지더라고 지속적으로 성능을 유지하는 테이프 방법이 제로에너지건축에 적합한 창호 시공 방법이라 할 수 있습니다.

지금은 기술이 더 발달되어 3중레이어 팽창형밴드가 적용되기도 합니다. 즉, 방습테이프+단열재충진+투습방수테이프의 기능을 모두 담은 한개의 제품으로 시공하는 방법입니다. 팽창형 밴드는 시공할 때 두께가 얇지만, 시간이 지나면서 틈새를 따라 자동으로 팽창해 빈틈을 메우는 특수 테이프입니다. 실내측 면에는 방습 기능이 되도록 코팅 처리가 되어있고, 실외측은 방수 및 투습이 가능한 구조로 되어있습니다. 또한 테이프 대신 액상(액체) 형태의 특수 방습·방수재를 발라 틈새를 막는 방법도 사용되고 있습니다. 말라서 굳으면 유연한 막이 형성되어 수증기 이동이나 누수를 방지합니다. 이러한 자재는 복잡한 모양이나 곡선 구조에도 적용이 가능합니다.

11 틈새 부위를 꼼꼼하게 점검하는 기밀시험

* 기밀(Airtightness): 공기가 새지 않도록 막는 것이에요. 건물 틈새로 바람이 들어오면, 겨울에는 난방이 새고 여름에는 냉방이 새서 에너지 낭비가 생깁니다. 창문 틈, 벽과 벽 사이, 배선 및 배관 연결 부위 같은 곳에서 기밀이 잘 안 되면 "바람이 숭숭 새는 집"이 돼버려요.

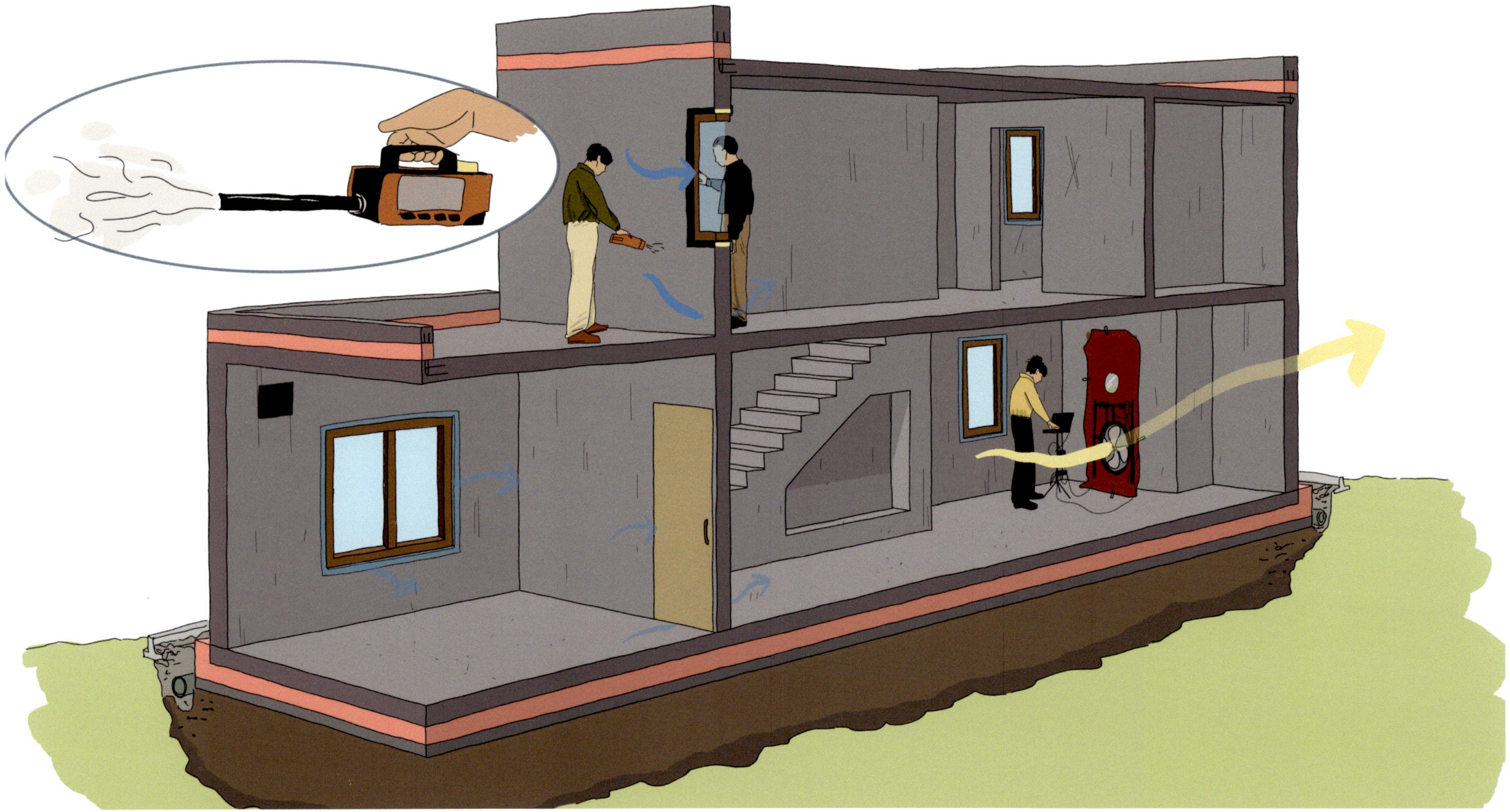

창호설치가 완료되면 건물의 틈새가 없는지 기밀테스트(Blower door test)를 합니다. 출입문에 큰 팬을 설치하고, 실내와 실외 압력 차이를 일부러 만들어 공기가 얼마나 드나드는지 측정하는 방식입니다. 쉽게 말해, 풍선에 바람을 불어 넣고 구멍이 있는지 확인하는 원리랑 비슷합니다.

먼저 팬을 이용해 실내의 공기를 외부로 빼내면 실내 압력이 낮아지고, 외부 공기가 건물안으로 들어오려고 합니다. 이 때 외부에서 연기를 발생시키면, 연기의 움직임을 통해 창문 틈새, 배관이나 배선 주변등 바람이 새는 위치를 쉽게 확인할 수 있습니다. 발견된 틈새는 꼼꼼히 보수해 줘야 하며, 만약 창호 프레임 내부에서 연기 움직임이 확인된다면 이는 제품 자체의 하자이므로 교체를 요청할 수 있습니다. 따라서 기밀테스트는 창호 업체와 시공자가 함께 모여 확인하면서, 새는 부분을 보완해 건물이 목표로 하는 기밀 성능에 도달하도록 하는 과정입니다.

전체 보완 및 점검이 끝나면 건물의 기밀성능을 측정합니다. 기밀 테스트는 실제 생활 상태를 가정해 실내 문은 열어놓고, 외부측 환기구는 테이프로 막은 상태에서 진행합니다.

실내와 실외의 압력차이가 50Pa로 유지했을때의 침기량을 건물의 기밀 성능으로 결정합니다.

이를 위해서는 가압(외부공기를 실내로 불어 넣는 경우) 상태로10Pa, 20Pa, 50Pa, 60Pa, 100Pa 등 압력차를 높게 하면서 각각의 압력차에 따른 침기량을 측정합니다.

여러 부위를 측정하는 이유는 50Pa에서의 침기량이 적정한지를 판단하기 위해서 입니다.

가압 시험이 종료된 후 감압(실내공기를 외부로 빼내는 경우) 상태로 동일하게 침기량을 측정합니다.

마지막으로 50Pa에서의 가압과 감압 시험값의 평균을 건물의 침기량으로 확정합니다.

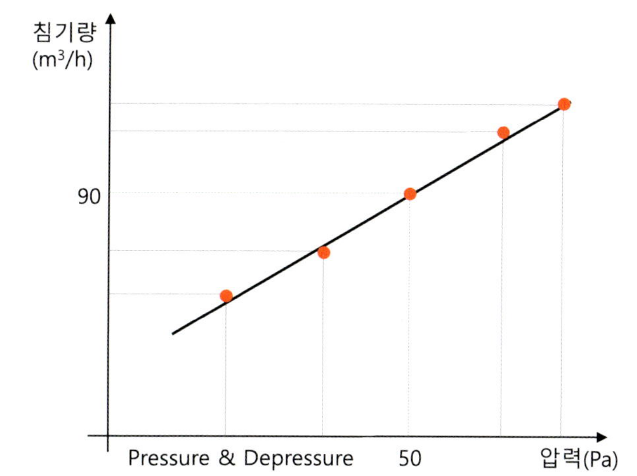

기밀 성능은 최종적으로 n50이라는 지표 즉 침기횟수 표시합니다. 아래 그림 처럼 n50은 “건물의 순 체적(실내 부피)에 비해, 50Pa 압력 차에서 1시간 동안 바뀌는 공기의 횟수”를 의미합니다. 값이 낮을수록 기밀성이 뛰어난 건물임을 뜻합니다. 제로에너지건축에서는 n50값이 0.6이하가 되도록 요구하고 있습니다. 이는 침기로 인한 열손실을 줄이고 곰팡이나 결로가 발생되지 않도록 미리 검증하고 보완하는 중요한 공정입니다.

즉, 이 테스트는 집이 '바람 새지 않는 보온병'처럼 잘 지어졌는지 확인하는 건강검진과 같습니다.

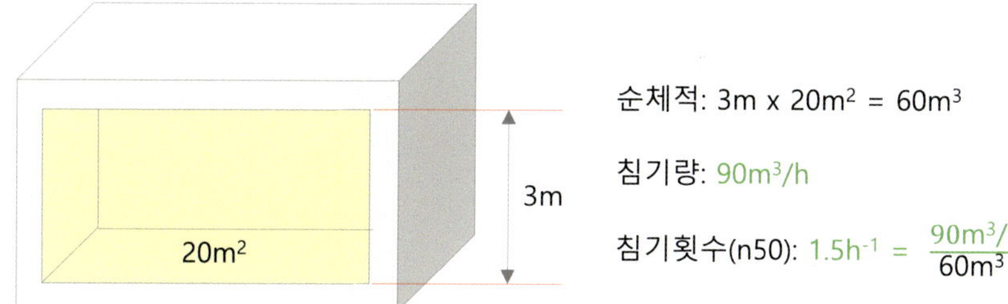

 12 태양에너지를 조절 외부 차양공사

*.여름철에는 햇빛이 강하게 들어와서 실내가 덥고, 그만큼 에어컨을 많이 써서 전기를 낭비하게 됩니다. 이때 창문 바깥쪽에 설치하는 그늘막(차양장치)이 바로 외부 가동형 차양장치예요. 즉, 여름에는 햇빛을 막아 시원하게, 겨울에는 햇빛을 받아 따뜻하게 할 수 있는 똑똑한 그늘막입니다. 단, 차양장치 설치 부위에서 열교가 발생할 수 있으므로, 반드시 충분한 단열이 확보된(열교가 거의 없는) 외부 차양장치를 적용해야 합니다.

외부에 설치 → 햇빛이 유리창을 통과하기 전에 막아줌

가동형 → 계절이나 시간대에 따라 각도를 조절하거나 접었다 펼 수 있음

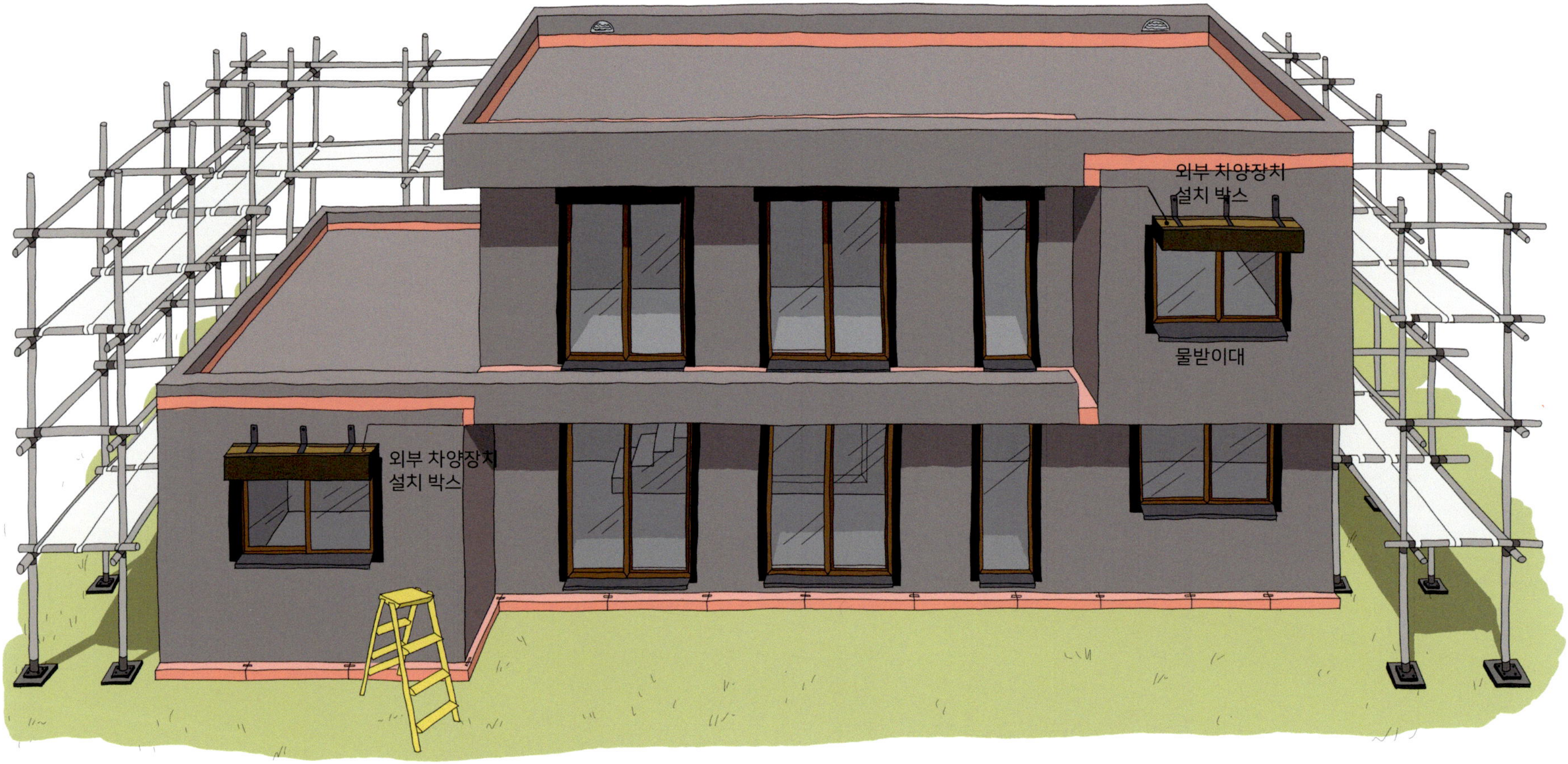

여름철 태양으로부터 오는 일사를 차단하기 위해 창호 주위에 차양장치를 설치합니다.

차양장치는 실외측에 설치해야 더 많은 일사량을 차단할 수 있습니다. 단열이 잘 된 건물에서 자연 에너지를 최대한 이용하는 방법은 여름철은 차양장치를 작동해 일사를 차단하고, 겨울철은 차양장치를 올려 일사를 최대한 받아들이는 것입니다.

따라서 겨울철에 창을 통해 외부 환경과 더욱 소통하게 됩니다.

가동형 차양장치의 종류는 오른쪽 그림에서 보는것처럼 총 4가지가 있습니다.

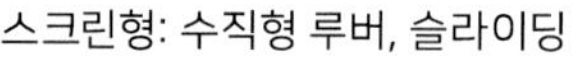
스크린형: 수직형 루버, 슬라이딩

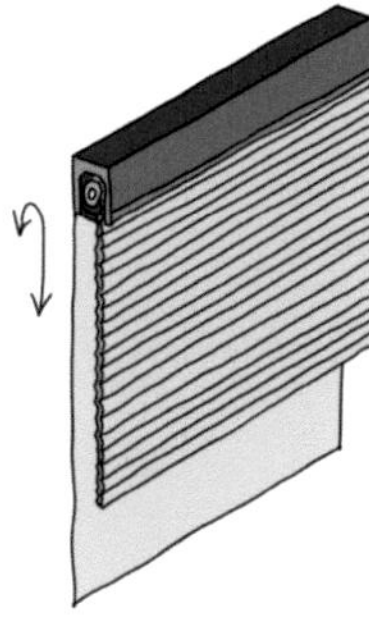
롤형: 단열 슬랫 적용

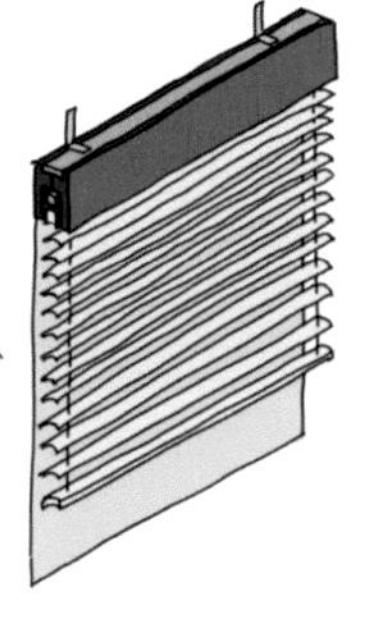
베네치안: 슬랫 각도 조절

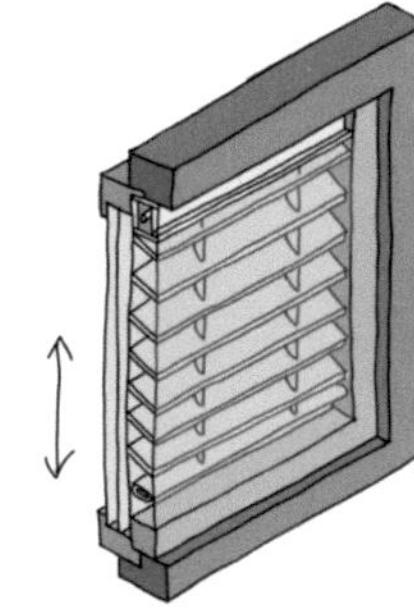
외부 차양일체형 창호

1. 스크린형: 마치 창문 밖에 달린 큰 커튼처럼, 햇빛을 가려주는 방식입니다. 차양판이나 스크린이 좌우로 미끄러지듯 움직여 열고 닫을 수 있어요. 필요할 때는 닫아 햇빛을 막고, 사용하지 않을 때는 옆으로 밀어 열어둡니다. 손으로 직접 열고 닫을 수 있어서 간단하게 사용할 수 있어요. 전기 모터가 필요하지 않기 때문에 비용이 저렴합니다.

2. 롤형: 이름처럼 차양막이 둥글게 말려 올라갔다 내려갔다 하는 방식의 외부 차양입니다. 집 안에서 사용하는 롤 블라인드와 비슷하지만, 건물의 창문 바깥쪽에 설치된다는 점이 다릅니다. 손잡이 레버(크랭크) 또는 모터로 작동이 되고, 롤 박스(Roll Box)가 설치되어 차양막이 안으로 말려들어가 깔끔하게 보관됩니다. 하지만 롤박스를 설치할때 열교가 발생되니, 꼭 열교를 차단하는 롤박스를 적용해야 합니다.

3. 베네치안: 이 차양은 우리가 흔히 아는 블라인드와 비슷합니다.

얇은 가로 날개(루버, slat)들이 여러 장 연결돼 있고, 각도를 바꿔 햇빛의 양을 조절하는 방식이죠. 단, 실내에 설치하는 블라인드가 아니라 창문 바깥쪽에 설치한다는 점이 다릅니다. 슬랫은 알루미늄 같은 금속 재질로 된 얇은 판이에요. 이를 조절 하면 열은 차단되고, 빛은 실내로 들어오게 할수 있어요. 하지만 단점도 있어요. 바람의 영향을 크게 받기 때문에, 강풍에 견딜 수 있는 내구성 있는 설계가 필요하며, 롤 박스와 마찬가지로 외벽이 연결되는 부분은 반드시 열교차단 장치가 적용되어야 해요.

4. 외부 차양일체형: 고층 건물에서는 강풍에 대한 내구성을 고려하여 외부 베네치안 차양장치가 일체화된 창호도 개발되어 적용되고 있습니다. 말 그대로 창문과 차양장치가 하나로 합쳐진 제품입니다. 외부차양장치 설치열교의 문제점도 해결하고, 외부차양장치의 장점을 그대로 활용하면서 강풍에도 문제가 없기 때문에 제로에너지건축에 적합한 기술입니다. 초기 설치비용이 다소 높지만 유지보수를 고려한다면 장기적인 측면에서는 유리한 선택이라 할 수 있습니다. 왼쪽 그림에 적용된 외부 차양장치는 베네치안 방식으로 차양 박스의 설치열교를 최소화해서 만든 제품이 적용되었습니다.

13 외벽 외단열공사: 보온병 만들기

* 비드법 보온판: 폴리스티렌(플라스틱 알갱이)을 증기(스팀)로 불려서 작은 구슬처럼 부풀린 다음, 그것을 다시 틀에 넣어 압착해 만든 단열재입니다.이렇게 알갱이(비드, bead)를 불려서 만든다고 해서 “비드법”이라고 불러요. 비드법 보온판은 흔히 스티로폼이라고 부르는 단열재 입니다. 내부는 기포로 가득 차 있어, 열전도율이 낮고 외부의 차가운 공기나 더운 공기가 실내로 들어오는 것을 효과적으로 차단합니다. 물과 불에 취약하기 때문에 바닥, 지붕 보다는 외벽에 주로 사용됩니다. 성능을 좀더 개선한 제품이 바로 비드법보온판 2종입니다. 폴리스티렌 비드에 방사율이 높은 흑연을 첨가해 내부에서 여러 번 산란·흡수·반사가 일어나면서, 복사열이 단열재를 쉽게 통과하지 못하고 열 흐름(열전달)이 줄어드는(약 15~20%) 효과가 생깁니다.

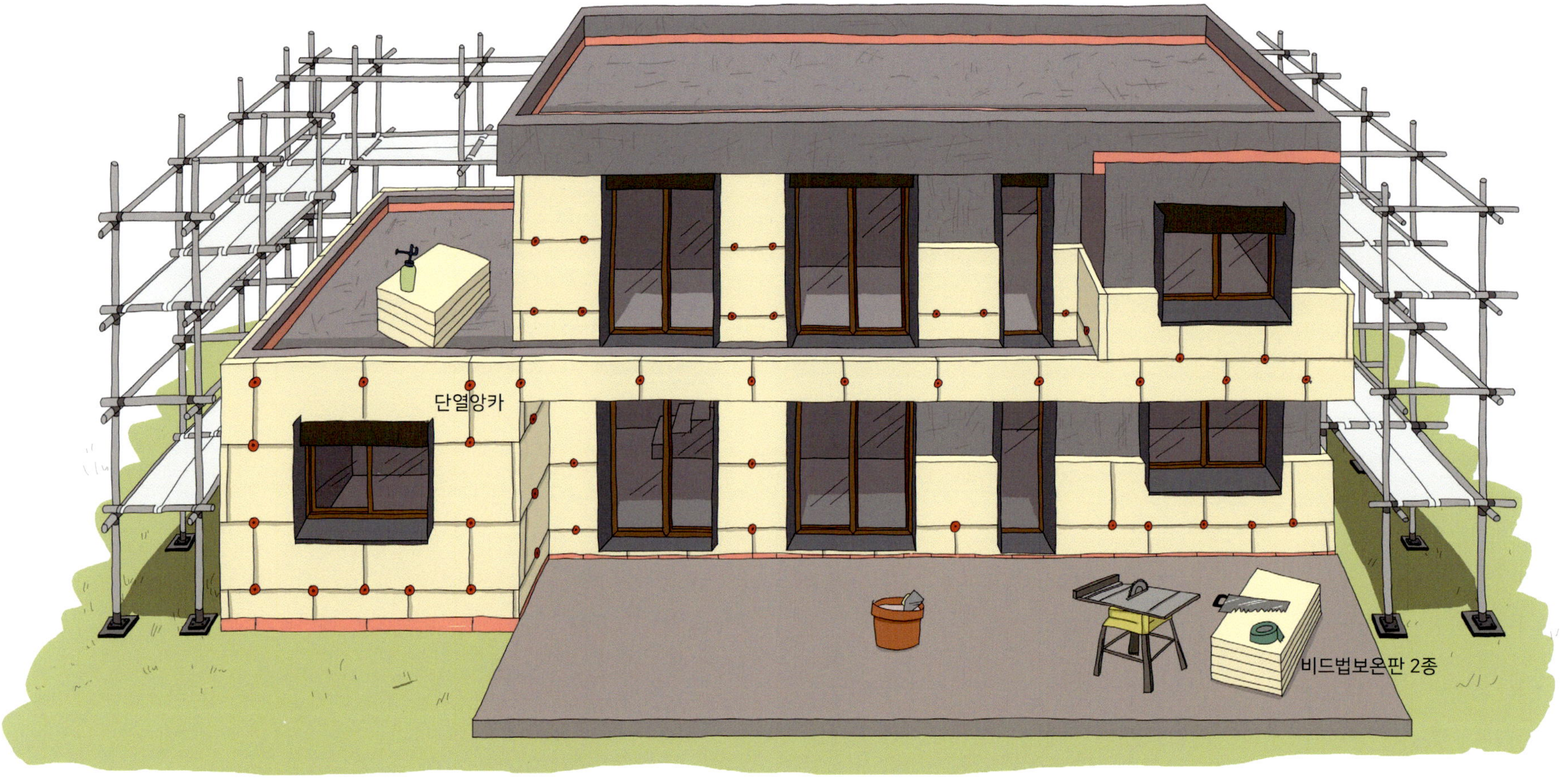

건물이 겨울에 따뜻하고 여름에 시원하려면, 단열재가 꼭 필요해요. 그런데 단열재를 어디에 두느냐에 따라 내단열과 외단열로 나뉘어요. 내단열은 건물 안쪽 벽에 단열재를 붙이는 방법이고, 외단열은 건물 바깥쪽 벽 전체를 감싸듯이 단열재를 붙이는 방법입니다. 왼쪽 그림에서 보여지는 것처럼 외단열 공사는 말 그대로 건물을 외투처럼 밖에서 감싸는 단열 방법입니다. 제로에너지건축에는 꼭 외단열로 공사를 해야합니다. 내단열의 경우 건물 구조체(철근콘크리트, 조적)는 외부로 향해 있기 때문에 대부분 차가운 상태지만, 외단열의 경우 건물 구조체는 단열재 안에 위치해 있기 때문에 기본적으로 따뜻하게 유지됩니다. 이러한 이유로 실내에 곰팡이와 결로가 발생하지 않고 축열 성능도 좋아져 쾌적한 열환경을 제공해 줍니다. 내단열의 경우 층간슬라브 또는 내벽와 외벽이 만나는 부위에 단열재가 끊어지는 부분(열교)이 많이 생깁니다. 이로인해 차가운 구조체가 실내에서 보여지게 되며, 이부분에서 곰팡이가 발생되고 심해지면 결로수가 생겨, 세균 박테리아가 자라나게 됩니다. 즉 거주자가 병들어가는 실내환경이 만들어 집니다. 이러한 이유로 건강하고 쾌적한 환경을 만들기 위해서는 외단열로 시공을 해야합니다. 또 다른 중요한 이유는 구조체의 내구성입니다. 외단열은 건물의 구조체를 외부환경에 대해 보호하고 있기 때문에 여름의 뜨거운 햇볕, 겨울의 혹한에도 구조체가 직접 노출되지 않아 오래 갑니다.

⦿ 외단열 시공

먼저 건물 외벽에 단열재가 잘 붙을 수 있도록 고르고 깨끗하게 정리를 해줍니다. 스티로폼(비드법보온판, 압출법 보온판), 미네랄울, PF보드 등 단열재를 벽 바깥에 붙이고 접착제와 앵커(고정핀)로 단단히 고정합니다. 외단열 공사에서 단열재를 벽에 붙이는 방법은 단순히 "붙이면 된다"가 아니라, 열교·균열·하자를 막기 위해 세심한 주의가 필요합니다. 단열재 판재의 세로줄(이음새)이 위에서 아래까지 일자로 연결되면, 그 부분이 약해져서 열이 새고 균열이 생깁니다. 그래서 벽돌 쌓듯이, 줄눈이 서로 어긋나게(줄눈 맞댐 금지) 붙여야 합니다. 건물 모서리(코너) 부분에서 단열재가 같은 위치에서 끊어지면 충격에 약해집니다. 반드시 엇갈리게 시공해서 모서리가 단단하게 유지되도록 해야 합니다. 창문이나 문 주변 모서리에 단열재 연결선이 연속되면 균열과 열교가 발생합니다. 그래서 단열재를 "L"자 모양으로 잘라서 붙여, 단열재 연결선이 연속되지 않도록 해야 합니다. 단열재를 벽에 부착 후 앵커로 고정합니다.

이때 앵커는 단열재를 뚫고 콘크리트에 25~40mm 정도 매입됩니다. 보통 단열재의 두께가 200 ~ 250mm 정도 되기 때문에 앵커의 길이는 250mm정도가 사용됩니다. 앵커의 개수는 보통 면적 1㎡ 당 6~8개가 박히게 되는데 가장자리인 코너 부위는 좀더 촘촘하게 고정해야됩니다. 앵커는 아연도금 철로 만들어져 실내의 열이 콘크리트로 부터 앵커까지 외부로 빠져 나가기 때문에 이를 방지해야합니다. 즉 열교를 방지하기 위해서는 먼저 열전도율이 적은 플라스틱 튜브를 끼우고 앵커를 고정합니다. 플라스틱 튜부의 머리 부분에서의 열전달을 더 줄여주기 위해 단열캡을 꼭 적용해야 합니다.

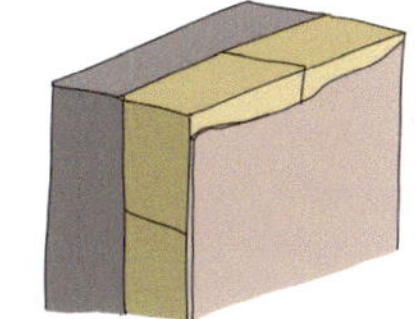

단열재 고정용 앵커(머리 매입+단열캡)
외단열 미장 마감

그렇지 않으면 외벽에 표면 결로로 인해 점형 얼룩 자국이 생길 수 있어요. 제로에너지건축은 단열재 고정시 단열앵커(머리매입 + 단열캡)을 적용해 에너지 성능과 외관 품질을 동시에 확보할 수 있답니다.

14 통기층 확보 외장재 마감공사

* 통기층: 건물 외벽 단열재와 외장재(석재, 벽돌, 금속패널 등) 사이에 두는 얇은 공기층(ventilated layer)이에요. 이 공간을 통해 공기가 들어오고 나가면서 습기를 빼주는 통로 역할을 합니다. 쉽게 말하면, 단열재가 땀을 흘리지 않게 해 주는 숨구멍이에요. 이를 통해 단열재 및 마감재가 뽀송뽀송하게 유지되도록 해줍니다.

외단열 시공이 끝난 후 적용되는 외장재에는 외단열 미장마감, 석재, 금속패널, 목재패널, 치장벽돌 등이 대표적입니다. 먼저 외단열 미장마감은 단열재를 건물 외벽에 붙인 뒤, 그 위에 접착용 시멘트 몰탈을 바르고, 그 안에 유리섬유망(메쉬)을 넣어 강도를 보강합니다. 마지막으로 컬러 미장재(얇게 바르는 마감층)를 덮어 마감하는 방식인데, 가장 경제적이어서 유럽에서 널리 사용되고 있습니다.
반면 우리나라에서는 외장재로 석재, 금속패널, 목재패널, 치장벽돌 등이 많이 쓰입니다. 이 경우 외단열 공사가 끝나면 단열재 겉면에 투습방수시트지를 붙입니다. 이 시트지는 외부에서 들어오는 빗물과 바람은 막고, 단열재 속에 갇힌 습기는 밖으로 배출해 줍니다. 이러한 방식은 흔히 통기층을 둔 마감 공법이라고 부릅니다.
단열재 내부에 습기가 쌓이면 단열 성능이 떨어지기 때문에, 습기를 신속하게 실외로 배출할 수 있는 통기층이 반드시 필요합니다. 통기층에는 공기가 들어오는 곳과 나가는 곳이 마련되어 있으며, 이 부분으로 벌레가 들어오지 않도록 방충망을 설치해야 합니다.

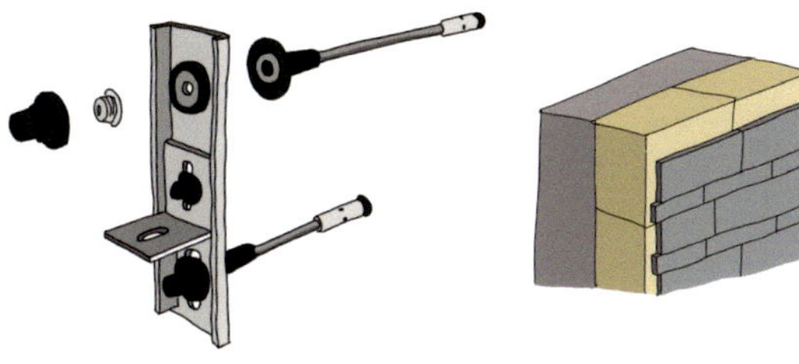
석재 고정용 단열 앵커 (석재 마감)

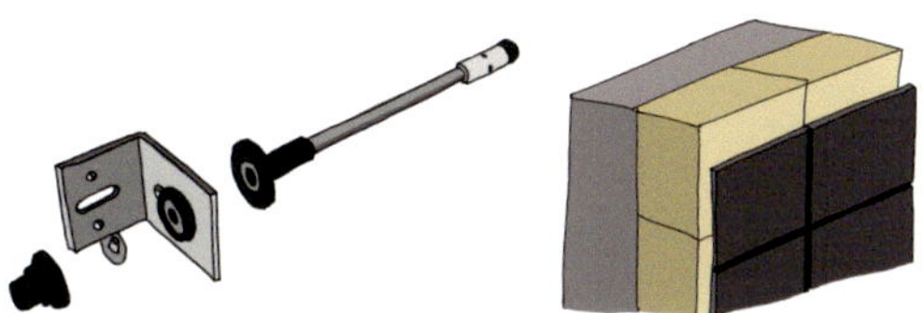
트러스 고정용 단열 앵커 (패널/금속 마감)

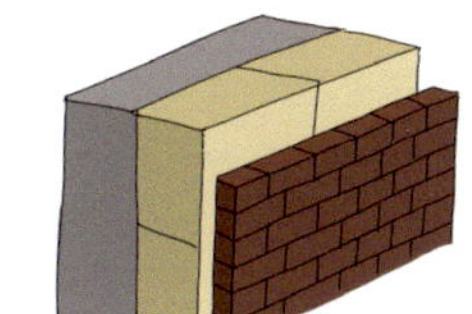
벽돌 고정 철물 (조적 마감)

석재, 패널 및 치장벽돌을 무겁기 때문에, 단열재 위에 그냥 붙이면 떨어질 위험이 있습니다. 그래서 투습방수시트지를 붙인 단열재 위에 트러스(철골 보강 구조)를 설치합니다. 이 트러스는 마감재를 매달 수 있는 뼈대 역할을 해 주고, 마감재 하중을 분산시켜 건물에 안전하게 전달합니다. 쉽게 말해, 단열재는 스티로폼 외투이고, 그 위에 마감재를 달려면 안쪽에서 철근 뼈대를 먼저 세워주는 거예요. 트러스를 고정하기위해서는 단열재를 뚫고 콘트리트에 고정되는 앵커를 사용하게되는데, 열교를 줄이기위해 단열앵커를 사용합니다. 단열앵커는 끝 부분에 열전도율이 낮은 폴리머로 코팅을 처리해 줍니다. 단열 앵커는 책꽂이에 벽에 고정해주는 고정쇠 같은 역할이라고 보면 돼요. 또 트러스 없이 직접 석재를 단열재 위해 고정하는 방법도 있습니다. 이경우 앵커가 2개 사용되기 때문에 아무래도 열교가 더 늘어나 에너지 절약에는 불리한 방법입니다.
마지막으로 치장 벽돌은 무겁기 때문에 단열재에 그냥 붙일 수 없고, 반드시 기계적 고정 장치가 필요합니다. 금속 재질로 된 고정핀 즉 벽돌 타이(Wall Tie, 벽돌 고정 철물)의 한쪽은 건물 구조체(콘크리트, 조적)에 고정하고, 다른 한쪽은 벽돌 줄눈 속에 묻어 벽돌을 잡아줍니다. 단열재를 뚫고 지나가기 때문에, 열교차단 캡이나 플라스틱 단열 보강재를 함께 사용해 열손실을 줄입니다. 벽돌과 단열재 사이에는 2~3cm 정도의 통기층을 둡니다. 이 공간을 통해 단열재 속 습기가 밖으로 빠져나가도록 해, 단열 성능을 유지하고 동시에 벽돌이 젖어도 빨리 건조되어 곰팡이·결로를 막을 수 있습니다. 통기층 아래쪽에는 공기 유입 구멍, 위쪽에는 배출 구멍, 그리고 벌레 유입 방지를 위한 방충망을 설치합니다.

15 지붕 외단열·외방수공사: 곰팡이·결로 ZERO

* 역전지붕: 역전지붕은 일반 지붕과 시공 순서가 다릅니다. 보통 지붕은 구조체(콘크리트) → 단열재 → 방수층 → 마감재 순으로 시공하지만, 역전지붕은 구조체(콘크리트) → 방수층 → 단열재 → 보호층(투습방수시트 등) → 마감재 순으로 시공합니다. 즉, 방수층을 단열재 아래에 두어, 단열재가 태양 복사열·외부 온도 변화·비와 눈으로부터 방수층을 지켜주는 구조입니다. 이 방식은 방수층의 수명을 크게 늘리고, 장기적으로 유지관리 비용을 절감할 수 있다는 장점이 있습니다.

벽체 시공이 끝나면 다음 단계는 지붕의 단열 및 마감 시공입니다.

평지붕(Flat Roof)은 말 그대로 평평한 지붕으로, 비나 눈이 쉽게 고이고 햇빛과 외부 온도의 영향을 많이 받기 때문에 단열과 방수가 특히 중요합니다.

평지붕 외단열 공사란 지붕 위에 단열재를 올리고, 그 위를 방수·보호층으로 덮어 건물 전체를 위에서 외투처럼 감싸는 단열 방법입니다. 반면 지붕 내단열 공법은 시공이 간단하고 비용이 저렴하지만 단점이 많습니다. 구조체가 외부에 그대로 노출되어 겨울철에는 차갑게 식고, 그 결과 실내측에서 곰팡이와 결로가 발생하기 쉽습니다. 또한 햇빛에 의해 구조체가 반복적으로 팽창과 수축을 하면서 방수층이 쉽게 손상되므로, 주기적인 방수 보수가 필요해 유지관리비가 크게 늘어납니다.

따라서 제로에너지건축에서는 평지붕 외단열 공사를 원칙적으로 적용해야 합니다.

평지붕에서 가장 중요한 점은 빗물이 잘 흐르도록 구배(경사)를 확보하는 것입니다. 유럽에서는 단열재를 가공해 구배를 만드는 경우가 많지만, 우리나라에서는 콘크리트 슬래브 자체에 구배를 주어야 하므로 설계 단계에서 세심한 계획이 필요합니다.

공사 순서는 다음과 같습니다.

먼저 지붕 콘크리트 면을 깨끗하게 정리한 뒤, 빗물이 실내로 스며들지 않도록 방수층을 시공합니다. 대표적으로 아스팔트 시트 방수가 많이 사용되며, 토치로 열을 가해 부착하고 이음부는 80~120mm 정도 겹쳐 시공합니다. 특히 측벽 부위는 외벽 외장재에 적용된 투습 방수시트와 겹쳐 시공하여야 완전한 방수층이 형성됩니다. 또한 금속 브라켓, 앵커 등 관통 부위는 열교 차단재와 관통부 방수 상세 설계를 반드시 적용해야 합니다. 지붕에 설치되는 드레인(배수구) 역시 방수층이 내부까지 연결되도록 꼼꼼히 처리해 누수를 막아야 합니다.

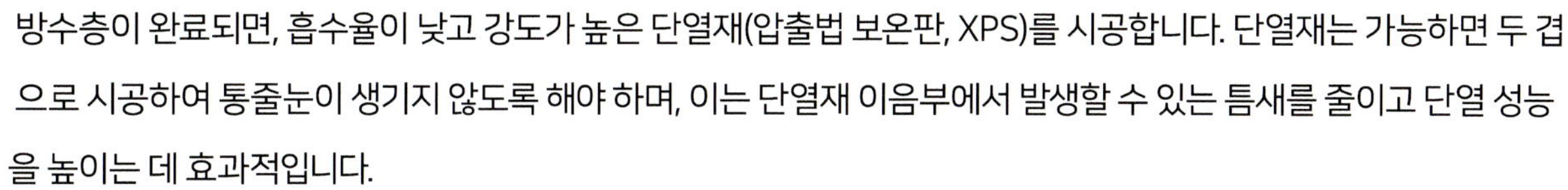

방수층이 완료되면, 흡수율이 낮고 강도가 높은 단열재(압출법 보온판, XPS)를 시공합니다. 단열재는 가능하면 두 겹으로 시공하여 통줄눈이 생기지 않도록 해야 하며, 이는 단열재 이음부에서 발생할 수 있는 틈새를 줄이고 단열 성능을 높이는 데 효과적입니다.

16 하자없는 지붕 마감공사

* 투습블럭: 지붕에는 단열재와 방수층이 시공되는데, 시간이 지나면서 단열재 속에 수분이나 수증기가 조금씩 쌓일 수 있어요. 이 수분이 빠져나가지 못하면 단열 성능이 떨어지고, 곰팡이나 결로가 생기게 됩니다. 투습블럭은 지붕 위에 설치해, 지붕 내부에 쌓인 습기와 수증기를 밖으로 내보내는 장치예요. 쉽게 말하면, 지붕이 "숨을 쉴 수 있게 도와주는 작은 통풍구"라고 할 수 있습니다.

평지붕 외단열 공사에서 지붕 마감재를 사용할 때는 몇 가지 사항을 반드시 주의해야 합니다.
무엇보다 지붕 위에 머무는 수분이 잘 건조될 수 있도록, 공기가 잘 통하는 자갈·석재·습기 투과가 가능한 블록 등을 마감재로 사용하는 것이 바람직합니다.
반대로 무근 콘크리트로 지붕을 마감하면 여러 가지 문제가 생깁니다.
콘크리트는 물과 수증기가 잘 통과하지 못하는 재료이기 때문에, 시공 중 남은 물이나 비에 젖은 수분, 실내에서 올라온 수증기가 단열재 속에 갇혀 위로 빠져나가지 못합니다. 특히 여름철에는 무근 콘크리트 표면이 반복적으로 뜨겁게 달궈졌다가 식으면서 팽창과 수축이 일어나 인장에 약한 콘크리트에 미세 균열이 점점 커집니다. 이렇게 생긴 균열로 빗물이 스며들고, 단열재 내부 수증기 압력이 높아져 콘크리트 경계가 들뜨기도 합니다.
겨울철에는 갇힌 물이 얼어붙으면서 박리와 균열이 심해져 지붕 성능이 급격히 저하됩니다. 그 결과 단열재의 효율이 떨어져 에너지 손실이 커지고, 곰팡이나 결로 위험도 높아집니다.

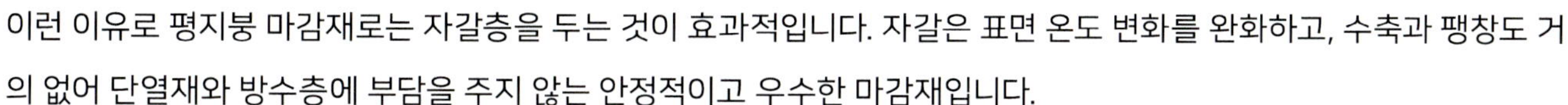

이런 이유로 평지붕 마감재로는 자갈층을 두는 것이 효과적입니다. 자갈은 표면 온도 변화를 완화하고, 수축과 팽창도 거의 없어 단열재와 방수층에 부담을 주지 않는 안정적이고 우수한 마감재입니다.

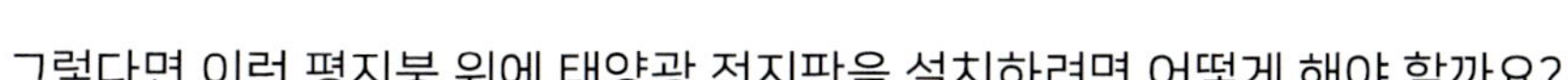

그렇다면 이런 평지붕 위에 태양광 전지판을 설치하려면 어떻게 해야 할까요?
무엇보다 단열재와 방수층을 뚫고 앵커를 박는 방식은 절대 금물입니다. 누수 위험뿐만 아니라 열교가 발생해 제로에너지건축의 원칙에도 맞지 않습니다.
해결 방법은 태양광 지지대를 세울 위치에 콘크리트 기초 블록(패드)을 미리 놓는 것입니다.
이 블록은 하중을 분산시켜 단열재와 방수층에 직접적인 힘이 가해지지 않도록 합니다. 패드 하부에는 고무 매트나 보호층을 두어 방수층이 손상되지 않도록 합니다.
(왼쪽 그림은 바로 이 방법을 적용한 사례입니다.)

또 다른 방법은 지붕 위에 철골 지지대를 세운 뒤, 콘크리트 블록이나 모래주머니 등을 올려 무게(자중)로 바람에 날리지 않도록 고정하는 방식입니다. 이 경우에도 태양광 지지대나 패드 때문에 배수가 막히지 않도록 드레인(배수구) 주변은 반드시 비워두고, 원활한 배수로를 확보해야 합니다. 또한 단열재 위 자갈층이나 통기층은 그대로 유지해 습기가 잘 배출되도록 해야 합니다.

 17 축열 활용 실내 마감공사

* 습식벽체: 철근 콘크리트, 벽돌처럼 물을 사용해 시공한느 벽체입니다. 무겁고 단단한 재료를 사용하기 때문에 열을 저장하는 능력이 높습니다.

* 건식벽체: 석고보드, 경량 철골(스틸스터드)를 이용해 조립식으로 설치하는 벽체입니다. 현장 조립이 쉬워 시공이 빠르고 가볍습니다. 하지만 가벼운 재료라서 열을 저장하는 축열 성능은 낮습니다.

흡음 패널
타공판
*암면

벽과 지붕의 외부 마감이 끝나면 이제 실내 마감 공사를 진행합니다. 이 단계에서 반드시 짚어야 할 중요한 개념이 바로 '축열(Thermal Mass)'입니다.
축열은 말 그대로 열을 저장하는 성질을 뜻합니다. 실내의 벽, 바닥, 천장 같은 구조체가 열을 머금고 저장했다가, 시간이 지나면서 다시 내놓는 것을 말해요. 쉽게 말하면, 여름의 돌담집이 낮에는 시원하고 밤에는 따뜻한 이유가 바로 축열 덕분입니다.

외벽과 지붕을 외단열로 시공하면 구조체인 콘크리트가 외부는 단열재로 보온되고, 실내에서 아주 좋은 축열체로 활용됩니다. 낮 동안 햇볕이 들어오면 벽과 바닥이 열을 저장했다가, 밤에 기온이 내려가면 그 열을 서서히 내놓습니다. 반대로 여름에는 낮 동안 시원한 공기를 머금어 두었다가 밤에 실내가 덥지 않도록 막아 줍니다. 덕분에 실내 온도가 하루 종일 일정하게 유지되고, 건강에도 좋은 환경이 만들어집니다.

또한 축열은 에너지 절약 효과가 큽니다. 실내에 축열체가 없으면 햇빛과 내부 발생 열 때문에 실내 공기 온도가 쉽게 올라가 난방·냉방 에너지가 낭비됩니다. 하지만 축열체는 이러한 열을 저장했다가 필요할 때 천천히 내주기 때문에 에너지 사용을 줄여줍니다. 특히 여름철 냉방에서는 약 20~30%의 절감 효과가 있습니다. 낮에는 축열체가 열을 흡수해 실내 공기의 급격한 상승을 막고, 밤에는 그 열을 외부로 방출해 시원한 상태를 유지하기 때문입니다.

축열 효과를 높이는 실내 마감방법을 알아보죠! 벽체의 경우 축열효과를 제대로 얻기위해서는 건식 벽체 보다는 습식 벽체가 효과적입니다. 외단열로 시공된 외벽은 이미 철근콘크리트가 내부에 노출되어 있기 때문에 축열 효과를 충분히 적용할 수 있습니다. 하지만 철근 콘크리트면에 철재 스터드를 대고 석고보드로 마감하면 축열 효과가 떨어집니다. 열이 콘트리트까지 침투하기 어려워지기 때문입니다. 왼쪽그림에서 보여지는 것처럼 시멘트몰탈 미장에 친환경 페인트로 마감하는게 가장 효과적입니다.
실내의 가장 큰 축열체는 바로 천장입니다. 대부분 콘크리트 슬라브로 되어있기 때문에 이를 축열로 활용하기 위해서는 노출 콘크리트 천장으로 마감하는것이 좋습니다. 천장틀에 흡음텍스 등의 마감재를 사용하면 열이 콘크리트까지 침투되지 않아 축열 효과가 크게 줄어듭니다. 교실, 강의실 및 세미나실과 같이 흡음이 필요한 공간에서는 , 왼쪽그림에서 보여지는것처럼 암면과 타공판으로 만든 흡음패널을 수지으로 설치내 음향 성능을 확보하면서도, 천장의 축열을 충분히 활용할 수 있습니다. 조명 배선, 환기 덕트, 배관 등으로 천장을 전부 노출하기 어려운 경우에는, 부분 노출 공법을 적용해 가능한 한 많은 구조체를 실내 공기와 접촉시켜 축열 효과를 유지합니다.
목조건물의 경우에는 열저장 능력이 낮으므로, 밀도가 매우 높은 단열재(암면, 목섬유단열재)를 활용해 축열성능을 보완합니다.

18 기밀·소음방지 위생 설비공사

* 위생설비: 건물에서 사람이 편리하고 위생적으로 생활할 수 있도록 설치하는 급수·배수·위생기구 관련 설비(세면대, 변기, 샤워기, 싱크대, 세탁기 같은 기구들)를 말해요.

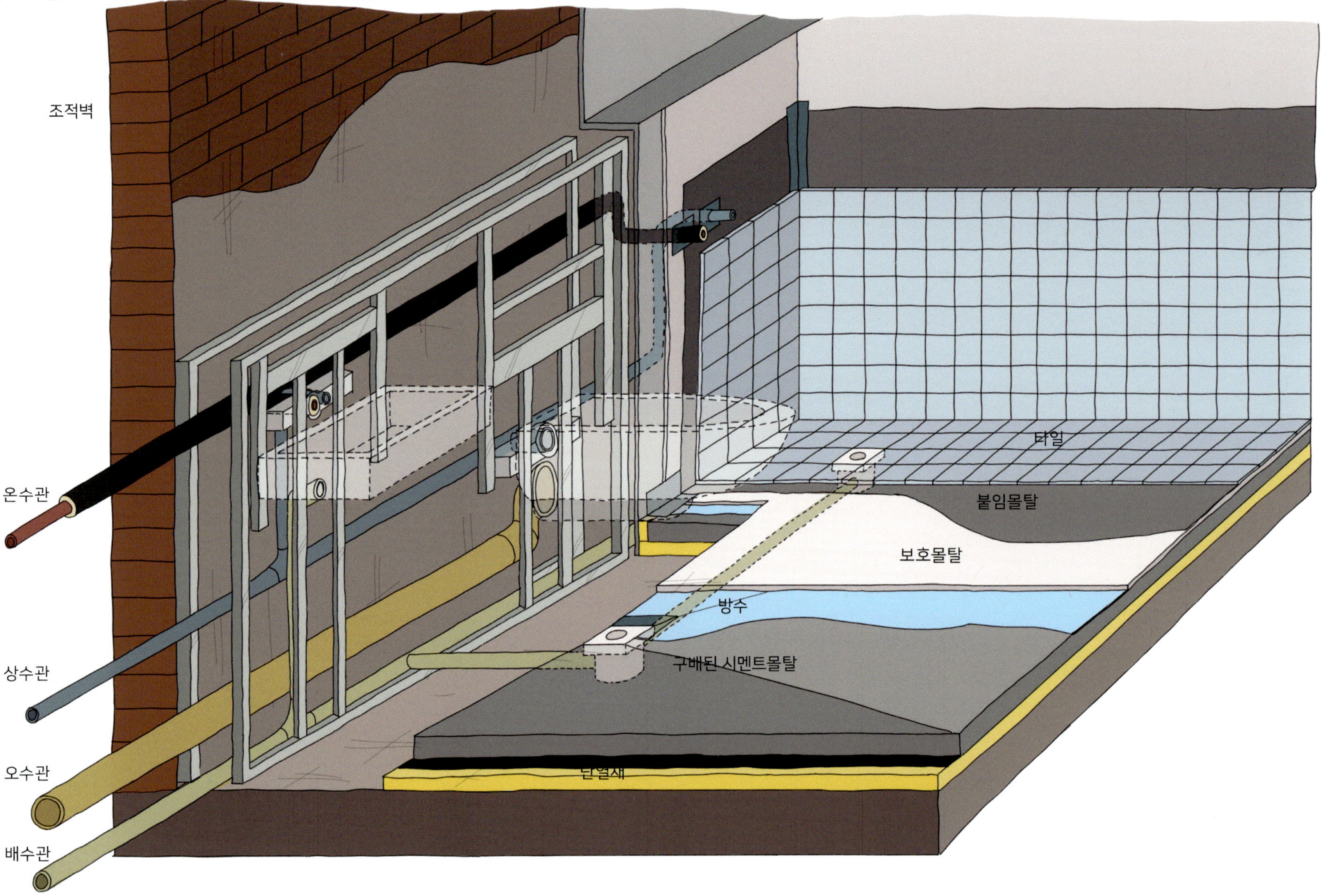

조적벽

타일

온수관

붙임몰탈

보호몰탈

방수

상수관

구배된 시멘트몰탈

오수관

단열재

배수관

실내 위생설비 공사는 건물 안에서 물을 공급하고, 사용된 물을 깨끗하게 배출하며, 위생을 지켜주는 시스템을 설치하는 작업이에요. 즉, 세면대·변기·샤워기·주방 싱크대 같은 생활 필수 기구를 연결하는 공사입니다. 대표적인 곳이 화장실입니다.

화장실은 항상 물을 쓰는 공간이라 방수가 가장 중요합니다. 게다가 층간소음(발걸음 소리, 물 내리는 소리)까지 줄여야 하고, 쾌적한 실내공간을 만들기 위해서는 착의량이 가장 낮은 화장실에는 반드시 바닥난방이 들어가야 해요. 그래서 화장실 바닥은 다른 공간보다 더 복잡하고 세심한 공사가 필요합니다.
먼저 콘크리트 바닥에 충격음을 흡수하는 단열재를 먼저 깔아, 소리가 아래 공간으로 전달되지 않도록 합니다. 먼저 단열재 위에 액체 방수 도막을 꼼꼼히 바릅니다. 벽 까지 1.5m 이상 올려 시공해 "욕조처럼" 만들어 줍니다. 관통부(배수구, 배관)에는 전용 부츠/플랜지를 써서 누수를 차단합니다. 그 위에 난방 배관 파이프를 배치한 후, 물이 잘 빠지도록 경사가 있는 시멘트 몰탈 공사를 합니다. 그후 그위에 방수층을 시공합니다. 이렇게 하면 이중 방수가 되어 누수 걱정이 사라지게 됩니다. 마지막으로 붙임용 시멘트몰탈을 바른 후 타일로 마감을 하면 바닥 공사가 완료됩니다.

왼쪽 그림에서 보듯, 화장실에는 온수·급수 배관과 하수·오수 배관이 설치됩니다. 이 배관은 보통 10년~20년마다 교체가 필요하기 때문에, 교체가 쉽도록 배관이 지나가는 벽은 철거가 용이한 벽돌로 시공하는 경우가 많습니다. 그러나 벽돌은 본래 기밀성이 없는 재료라서, 외부나 샤프트층의 공기가 실내로 유입될 수 있습니다. 그 결과 곰팡이가 생기거나 하수 냄새가 들어와 불쾌한 실내 환경을 만들 수 있습니다.
이를 방지하기 위해, 화장실의 벽돌 벽체는 반드시 기밀층인 시멘트 몰탈(미장)로 마감해야 합니다. 또한 배관이 관통하는 부위는 기밀 테이프를 추가로 붙여 틈새를 완전히 차단함으로써 기밀성을 확보해야 합니다. 따라서 공사순서는 조적벽체설치, 시멘트몰탈(기밀층), 위생설비공사 순입니다. 혹 위생설비공사가 먼저 되어있다면, 폴리머계 기밀 코팅재를 분사기로 뿌려 벽돌, 블록, 콘크리트 표면에 연속된 기밀막을 형성하는 방법을 적용할 수 있습니다. 그리고 콘센트박스는 벽돌로 된 벽체가 아닌 다른 벽체에 설치 하거나, 전용 기밀 자재를 사용해 기밀성을 확보해 주어야 합니다.
뜨거운 물이 지나가는 온수관은, 단열이 안 되어 있으면 물이 목적지(세면대·샤워기)에 도착하기 전에 식어버립니다. 온수 배관에 단열을 통해 열손실을 줄여야 하며, 가능한 급탕설비로부터 위생설비까지의 배관 길이가 짧아지도록 계획해야 합니다. 찬물이 지나가는 상수관은 단열을 하지 않을 경우 실내 온도보다 차갑기 때문에 결로가 맺힙니다. 이 물방울이 벽이나 천장에 스며들면 곰팡이가 생겨 위생 문제가 생깁니다. 상수관에도 단열재를 설치해 화장실의 곰팡이와 결로 위험을 차단해야 합니다. 마지막을 배관으로 인한 소음을 차단해 주어야 합니다. 배관내 물이 빠르게 흐를 때 나는 소음이 벽체를 타고 다른 공간으로 이동하기 때문에 배관을 고정할 때에는 해당부위를 단열재로 배관->앵커->벽으로 이어지는 음 전달을 끊어줘야 합니다.

19 건물의 심장 열회수환기 설비공사

* HRV(Heat Recovery Ventilator): 열(Heat)만 회수하는 환기장치이며, ERV(Entalphy Recovery Ventilator): 열(Heat) + 습기(Moisture)까지 회수하는 환기장치

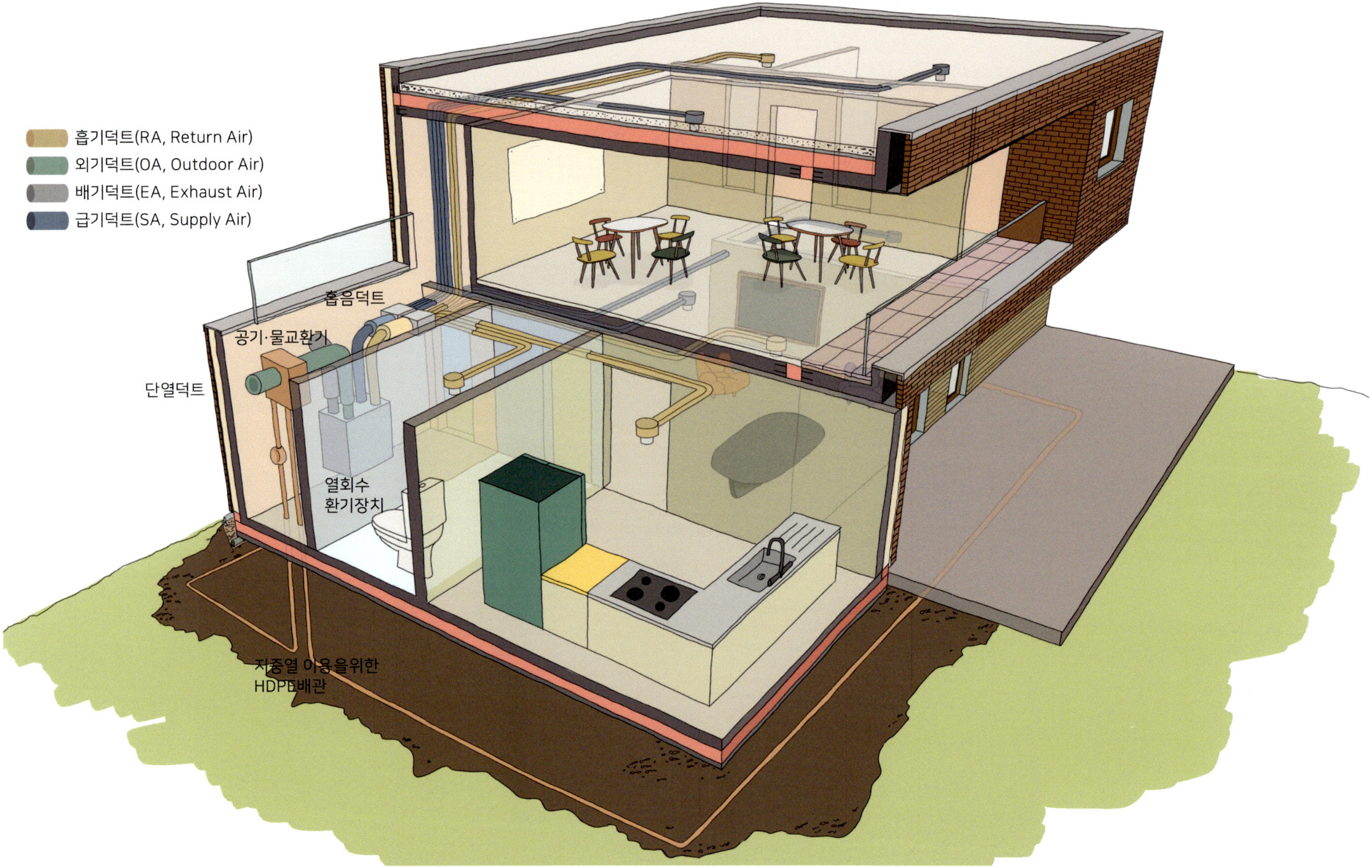

흡기덕트(RA, Return Air)
외기덕트(OA, Outdoor Air)
배기덕트(EA, Exhaust Air)
급기덕트(SA, Supply Air)

흡음덕트
공기·물교환기
단열덕트
열회수
환기장치
지중열 이용을위한
HDPE배관

건물은 건강을 위해 하루에도 여러 번 환기를 해줘야 합니다. 제로에너지건축은 기밀 성능이 매우 우수하기 때문에, 침기나 자연환기가 아닌 기계 환기를 통해 공기의 오염·온도·습도를 완벽하게 제어하여 건강하고 쾌적한 실내 환경을 제공합니다.

기존 방식은 창문 틈새 침기나 자연환기에 의존했기 때문에, 실외의 먼지·알레르기 유발 물질·세균 등이 실내로 들어오고, 내부에서는 곰팡이나 결로가 발생하여 건강을 해치기 쉽습니다. 또한 겨울에는 따뜻한 공기가 빠져나가고, 여름에는 덥고 습한 공기가 들어와 에너지 낭비가 심했습니다. 이 문제를 해결하는 장치가 바로 열회수환기장치입니다. 이 장치는 오염된 실내 공기를 밖으로 내보내면서 공기의 열만 회수해 외부에서 들어오는 신선한 공기에 전달해 줍니다.

⦿ 겨울: 실내의 따뜻하지만 오염된 공기를 배출할 때, 그 열이 외부의 차갑고 신선한 공기에 전달되어 → 따뜻하고 깨끗한 공기가 실내로 들어옵니다.

⦿ 여름: 실내의 시원하지만 오염된 공기를 배출할 때, 그 시원함이 외부의 뜨겁고 신선한 공기에 전달되어 → 시원하고 깨끗한 공기가 들어옵니다.

즉, 열회수환기장치는 공기는 교환되지만, 열은 회수되는 똑똑한 환기 방식입니다.

열회수환기장치에는 총 4개의 덕트가 사용됩니다.

⦿ 외기덕트(OA, Outdoor Air): 실외의 신선한 공기를 열회수환기장치로 끌어들이는 덕트

⦿ 급기덕트(SA, Supply Air): 열교환을 거친 신선한 공기를 실내로 공급하는 덕트

⦿ 흡기덕트(RA, Return Air 또는 Extract Air): 실내의 오염된 공기를 열회수환기장치로 빨아들이는 덕트

⦿ 배기덕트(EA, Exhaust Air): 열을 회수한 뒤, 실내의 오염된 공기를 실외로 배출하는 덕트

열회수 환기장치의 덕트를 통해 팬의 소음이 전달되고, 덕트 내부 공기와 실내 온도차로 인해 덕트 표면에 결로가 맺히기도 합니다. 이를 방지하기 위해 덕트에 흡음재와 단열재를 설치해야 합니다. 실내측으로 연결되는 SA, RA 덕트에는 흡음재를, 온도차가 큰 실외측으로 연결되는 OA,EA 덕트에는 단열재를 사용합니다.

열회수환기장치의 효과를 더욱 높이기 위해 지중열 시스템을 활용하기도 합니다. 이 방법은 건물 기초 주변 1.5~3m 깊이의 땅속에 있는 비교적 일정한 온도의 열을 이용하는 것입니다. 덕트를 직접 땅속에 매설하는 대신, HDPE관(고밀도 폴리에틸렌관)을 약 100m 길이로 기초 주변이나 지면 아래에 매설하고, 여기에 OA(외기) 덕트와 연결된 공기·물 열교환기를 설치합니다. 이렇게 하면 외기가 실내로 들어오기 전, 지중열을 이용해 겨울에는 예열, 여름에는 예냉할 수 있습니다.

이 과정에서 물을 순환시키기 위해 순환펌프가 사용되는데, 소비 전력이 약 20~40W로, 기존의 1,000W 전기 예열기보다 에너지를 획기적으로 절약할 수 있습니다. 따라서 지중열 시스템은 제로에너지건축에서 꼭 필요한 핵심 기술 중 하나입니다.

20 환기설비 검사 및 점검[커미셔닝]

*커미셔닝(Commissioning): 설비가 설계 의도대로, 또 성능 목표대로 제대로 지어지고 운영되는지 확인하는 과정이에요. 쉬게 말해, 설비를 시험 가동하고 점검하는 종합 건강검진 있습니다.

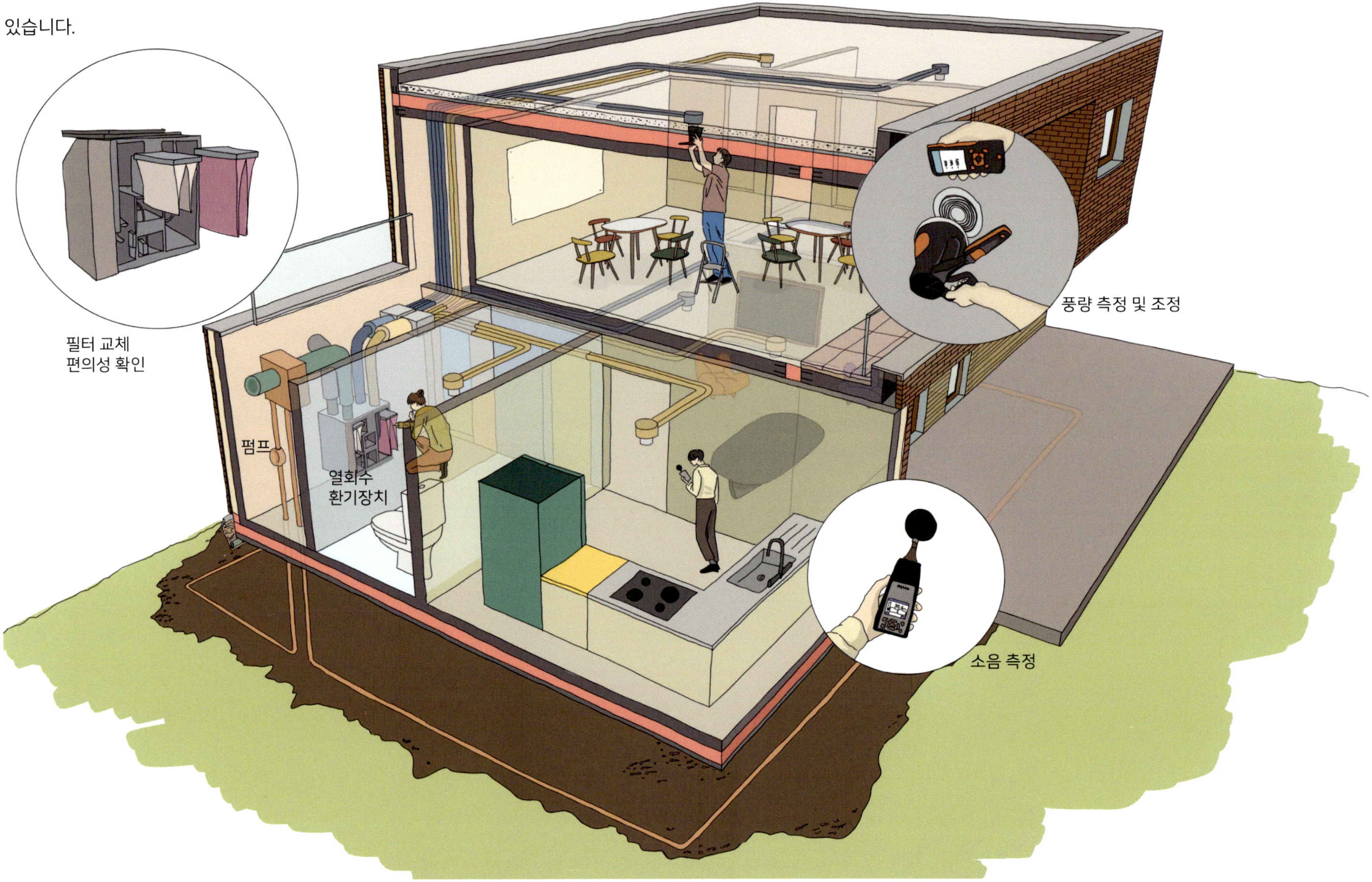

필터 교체
편의성 확인

펌프

열회수
환기장치

풍량 측정 및 조정

소음 측정

열회수환기장치를 설치하면 반드시 정기적인 검사와 점검을 해야 합니다.
이 장치에는 실외에서 들어오는 먼지, 알레르기 유발 물질, 세균 등을 걸러내는 필터가 포함되어 있습니다. 요즘처럼 미세먼지 농도가 높은 환경에서는 매달 필터 상태를 점검하고, 최소 두 달에 한 번은 교체해 주어야 합니다. 따라서 필터는 사용자가 직접 쉽게 청소하거나 교체할 수 있는 위치에 설치하는 것이 중요합니다. 제로에너지 건축에서는 이러한 관리 편의성을 고려해, 벽걸이형 열회수환기장치가 주로 적용됩니다. 반대로 장치를 천장 속에 숨기는 방식은 필터 교체가 불편할 뿐 아니라, 팬 고장 시 수리나 기계 점검도 어렵습니다. 열회수환기장치는 흔히 "건물의 심장"이라고 불리기 때문에, 무엇보다 접근이 쉽고 부품 교체가 용이하도록 설치·관리 여부를 점검해야 합니다.

열회수환기장치에는 한 가지 문제점이 있습니다. 겨울철에 실내 공기가 열을 전달한 후 실외로 배출될 때 결로수가 발생하는데, 외부 온도가 매우 낮아지면 이 결로수가 얼어 결빙 현상이 생깁니다. 이로 인해 공기 흐름이 막혀 팬이 고장 날 수 있고, 장치 내부에 물이 고이면서 곰팡이가 발생해 건강에 악영향을 줄 수 있습니다.
따라서 이를 방지하기 위해서는 실외 공기를 -2℃ 이상으로 올려주는 예열기(프리히터)가 반드시 필요합니다. 만약 점검 시 예열기가 설치되어 있지 않다면, 건축주에게 외기 온도가 -2℃ 이하일 때는 환기장치를 사용하지 말아야 한다고 반드시 안내해야 합니다.

열회수환기장치가 제대로 작동하는지 확인하려면, 각 방에 공급되는 신선한 공기량(급기량, SA)과 빠져나가는 오염된 공기량(흡기량, RA)을 반드시 점검해야 합니다. 이때의 공기량을 풍량(air flow)이라 하며, 총 급기량과 흡기량은 항상 동일해야 합니다. 이러한 균형을 맞추는 과정을 풍량 밸런싱이라고 합니다. 풍량 측정은 쉽게 말해, "풍량이 설계된 값대로 맞춰져 있는지, 그리고 밸런싱이 제대로 이루어지고 있는지를 확인하는 과정"입니다. 사람이 건강하게 생활하기 위해 필요한 최소한의 신선한 외기량은 성인 1인당 약 30㎥/h 정도이며, 건물 기준으로는 시간당 0.5 ~ 1회(ACH, Air Change per Hour) 이상의 환기 횟수를 확보해야 합니다. 급기량은 신선한 공기가 필요한 공간(거실, 침실, 사무실 등)에 적용되고, 흡기량은 오염된 공기를 신속히 배출해야 하는 공간(화장실, 부엌, 작업실 등)에 적용됩니다.
열회수환기장치는 하루 24시간 계속 가동되기 때문에, 소음이 크면 거주자가 불편을 느낄 수 있습니다. 따라서 설치 후에는 반드시 소음 측정을 실시해, 장치가 조용하고 쾌적한 수준으로 작동하는지 확인해야 합니다. 소음은 주로 팬 소음, 덕트 내부의 공기 마찰음, 급·흡기구에서 발생하는 소음으로 구분되며, 측정 평가 기준의 경우 급기가 필요한 실(거실, 침실, 사무실 등)은 25dB 이하이며, 흡기가 필요한 실(화장실, 주방, 작업실 등)은 30dB 이하입니다. 만약 측정값이 이 기준을 초과할 경우, 흡음 덕트나 소음기(Silencer) 같은 흡음 전용 부품을 사용해 소음을 줄여야 합니다. 또한 환기장치의 진동이 실내로 전달되거나, 각 실의 소음이 다른 공간으로 이동하지 않도록 세심한 시공이 필요합니다.

21 자연에너지 이용 냉·난방 설비공사

*통합유닛(Compact unit): 냉방·난방·급탕·환기 일체형 설비로 “한 대의 기계로 집안의 온도, 공기, 온수를 모두 책임지는 똑똑한 장치”*입니다. 제로에너지건축에서는 에너지 절약, 공간 절약, 쾌적성 확보를 동시에 해결하는 핵심 설비로 널리 사용됩니다.

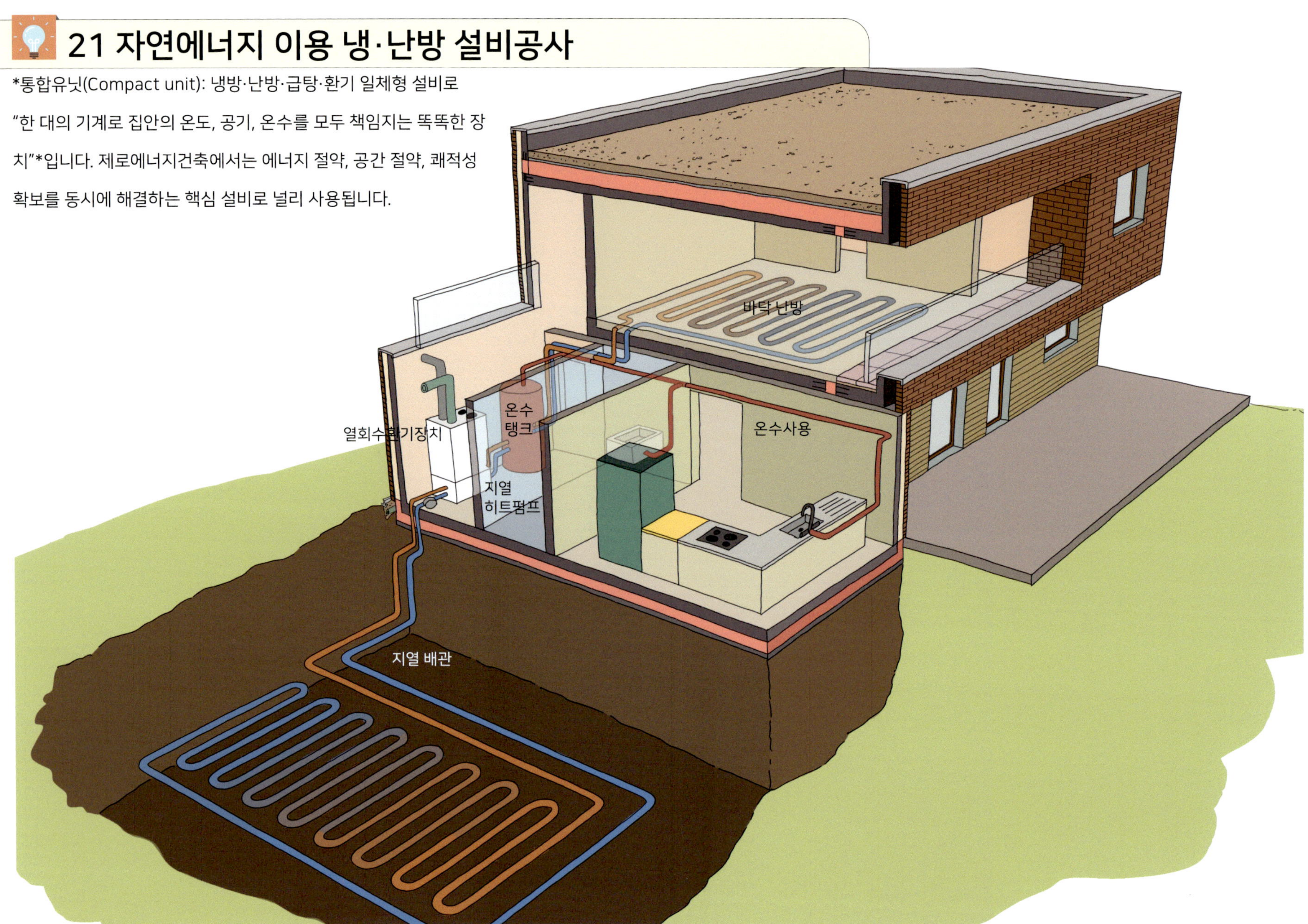

패시브 기술인 단열, 열교차단, 창호, 차양, 기밀 및 환기설비를 통해 건물에 필요한 냉·난방에너지를 최소화했다면, 추가로 필요한 에너지는 친환경 냉·난방설비를 적용해 공급해줍니다. 가장 효율이 좋은 설비는 지열을 이용한 히트펌프입니다. 땅속 50m 정도 깊이에 들어가면, 계절과 상관없이 1년 내내 약 15℃ 전후의 일정한 온도가 유지됩니다. 이 일정한 땅속 온도를 활용해 에너지를 덜 쓰고도 냉·난방을 할 수 있습니다. 쉽게 말해, 지열 히트펌프는 "땅속을 거대한 냉장고와 보일러로 동시에 쓰는 기술"입니다.

제로에너지건축은 패시브 기술을 통해 건물의 최대 냉·난방부하를 바닥면적 1㎡당 10W 이하로 줄일 수 있습니다. 이로 인해 냉·난방 설비 용량이 매우 작아지며, 설비 설치 공사비를 크게 절감할 수 있습니다. 동시에 과거에는 대규모 건물에서만 사용되던 공조설비 기술을 소규모 건물에도 쉽게 적용할 수 있게 됩니다.

열회수환기장치와 지열 히트펌프를 연계하고, 여기에 온수탱크를 함께 설치하면 더욱 효율적인 시스템이 완성됩니다. 열회수환기장치의 급기 덕트에는 냉·난방 코일이 설치되어, 신선한 공기를 마치 공조설비처럼 따뜻하거나 시원하게 만들어 실내로 공급할 수 있습니다. 또한 온수탱크를 활용해 바닥 난방과 생활용 온수(급탕)까지 공급할 수 있어, 하나의 통합된 에너지 최적화 설비가 구축됩니다.

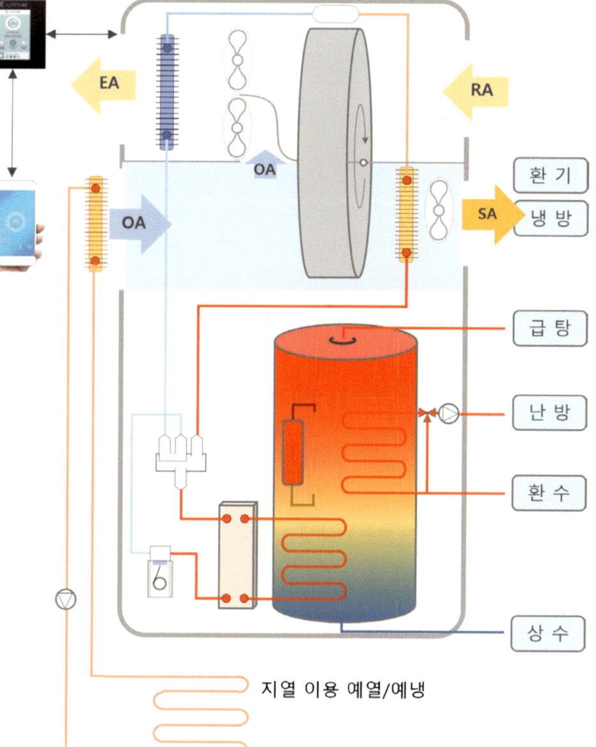

왼쪽 그림에서 보듯이, 열회수환기장치와 지열 히트펌프가 상하로 연결되어 하나의 일체형 장치로 시공되었고, 오른쪽에는 온수탱크가 배치되어 바닥 난방과 급탕을 담당합니다. 즉, 지열이용 통합유닛은 지열 히트펌프 + 열회수환기장치 + 온수탱크를 하나로 묶어, 냉방·난방·급탕·환기를 모두 해결하는 똑똑한 설비입니다. 쉽게 말해, 건물에 필요한 "공기·물·열 관리 시스템을 모두 담당하는 만능 에너지 장치"라고 할 수 있습니다. 다만, 이러한 통합유닛은 일반 건물에서는 설치가 어렵습니다. 건물의 최대 냉·난방부하가 크면, 실내에 공급해야 하는 급기량이 늘어나 기존보다 2~10배 큰 덕트가 필요하고, 덕트를 통과시키기 위해 층고도 더 높여야 합니다. 따라서 공사비가 증가해 일반 건물에서는 적용이 쉽지 않습니다.
반면, 제로에너지건축은 냉·난방 부하 자체가 매우 작기 때문에, 이러한 통합유닛을 효율적으로 적용할 수 있습니다. 그 결과 재실자에게 건강하고 쾌적한 실내환경을 에너지 절약적으로 제공하는 건물이 완성됩니다.

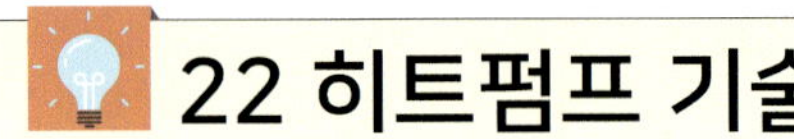

22 히트펌프 기술

*사방밸브: 히트펌프의 냉방 ↔ 난방 모드를 전환해 주는 장치입니다. 배관이 네 갈래(사방)로 뻗어 있어서 붙은 이름입니다. 쉽게 말해, "열의 흐름을 바꿔주는 기계의 교통 신호등"이라고 할 수 있습니다. 사방밸브 하나로, 같은 장치가 에어컨(냉방기)이 되기도 하고 히터(난방기)가 되기도 합니다.

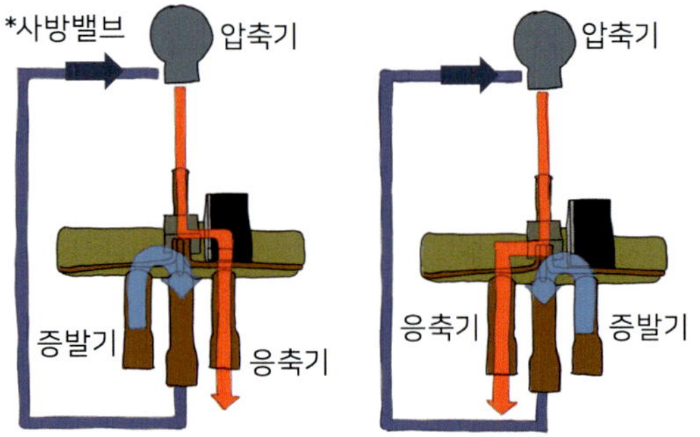

*사방밸브
압축기
증발기
응축기

압축기
응축기
증발기

히트 펌프의 원리

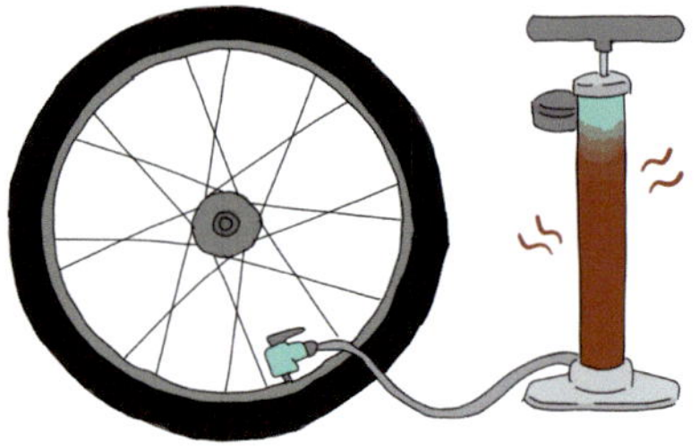

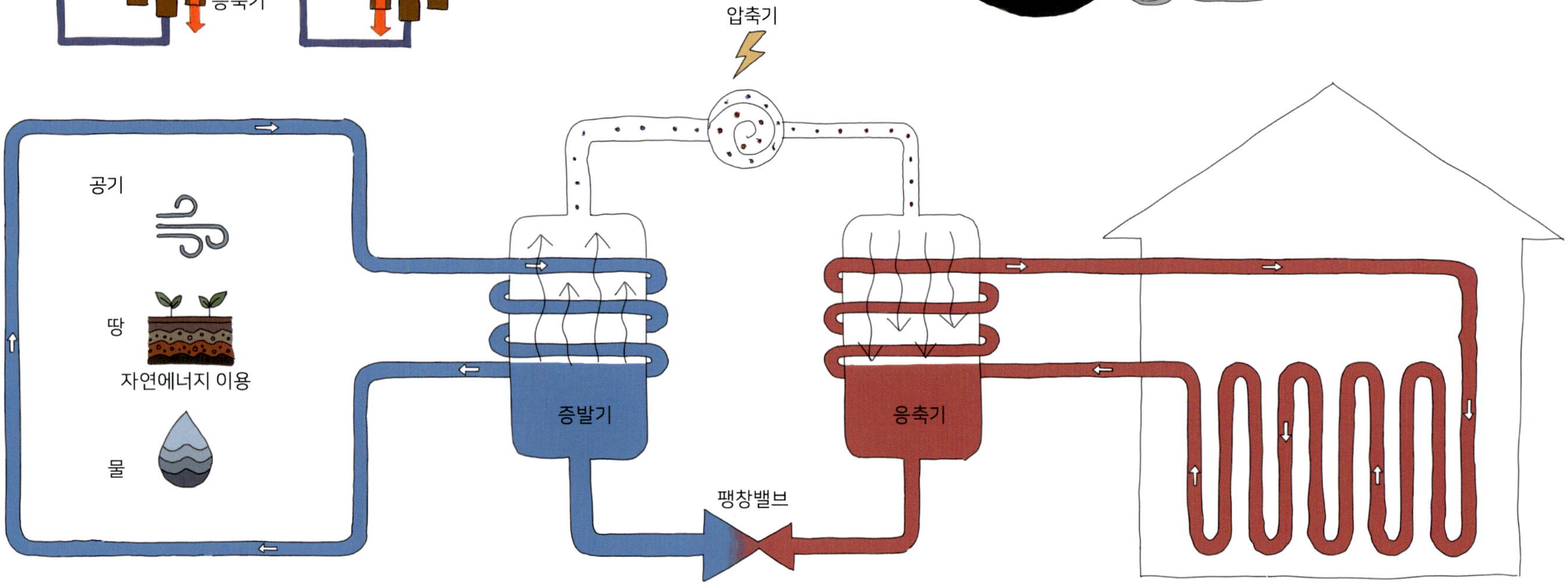

압축기
공기
땅
자연에너지 이용
물
증발기
응축기
팽창밸브

우리가 자전거 타이어에 공기를 넣을 때 펌프 표면이 뜨거워지는 경험을 해본 적이 있을 겁니다. 이는 모든 기체가 압축되면 온도가 올라가는 성질을 가지고 있기 때문입니다. 히트펌프도 바로 이 원리를 이용합니다. 다만 공기 대신 냉매라는 특별한 기체를 사용합니다. 냉매는 원래 매우 차가운 성질을 지니고 있는데, 이를 압축하면 고온·고압의 뜨거운 상태가 됩니다. 반대로 압력을 낮추면 냉매는 차갑고 저온 상태로 바뀝니다. 이 과정에서 냉매는 고압일 때는 고온, 저압일 때는 저온 상태를 유지하며, 이를 이용해 난방과 냉방에 활용합니다. 고온 상태의 냉매는 주변으로 열을 빼앗기면 기체에서 액체로 변하는데, 이를 응축이라 합니다. 응축시 빼앗은 열을 난방으로 이용할 수 있습니다. 액체가 된 냉매는 팽창 밸브를 통해 압력을 낮추면 다시 매우 차가운 상태가 되고, 이때 주변의 열을 흡수하며 액체에서 기체로 변하는데, 이를 증발이라 합니다. 증발시 냉매에게 뺏겨진 열이 바로 냉방으로 이용되는 방법입니다.

이렇게 압축 → 응축 → 팽창(압력 저하) → 증발의 과정이 끊임없이 반복되는 이 순환 과정을 바로 히트펌프 사이클이라 부르며, 이것이 히트펌프의 핵심 원리입니다.

◎ 압축기(Compressor): 낮은 온도와 압력의 냉매(기체)를 압축해서 약15bar의 압력과 70℃ 이상의 고온의 냉매로 만드는 역할을 합니다. 냉매를 압축시키는 장비로는 크게 4가지있습니다. 피스톤식 왕복운동을하는 왕복동식 압축기, 두개의 나선 모양 부품이 맞물려 냉매를 압축하는 스크롤식, 두개의 나사 모양 로터로 맞물려 냉매를 압축하는 스크류식 그리고 팬의 원심력으로 냉매를 압축하는 터보식이 있습니다. 여러분이 사용하는 에어컨은 대부분 스크롤식 압축기가 적용됩니다.

◎ 응축기(Condensator): 고온·고압상태의 냉매가 열을 방출해 액체로 바뀌는 장치입니다. 수냉식과 공랭식이 있는데, 여름철 실외기가 대표적인 공랭식 응축기 입니다. 팬으로 바람을 불어 냉매의 열을 방출하는 방식입니다. 왼쪽 그림은 수냉식 응축기 입니다. 판형 열교환기인데 겨울철 온수로 실내에 열을 공급할 수 있도록 냉매와 물이 열을 교환하는 장치입니다. 냉매가 응축기를 지나면 압력은 변화가 없고 온도는 25℃~40℃정도 입니다.

◎ 팽창밸브(Expansion valve): 응축기에서 나온 고온·고압 액체 냉매의 압력을 갑자기 낮춰서, 저온·저압 액체 냉매로 만들어 주는 장치입니다. 팽창밸브를 지나면 압력은 약 3bar 정도이며, 온도는 -5℃ 정도로 차가워 집니다. 팽창밸브는 3가지 종류가 있습니다. 센서와 전자제어로 정밀하게 조절하는 전자식 팽창밸브, 냉매의 온도와 압력차이에 따라 자동으로 조절되는 열팽창밸브 그리고 작은 관을 이용해 유량을 제한하는 튜브방식이 있습니다.

◎ 증발기(Evaporator): 냉매가 주변의 열을 흡수하며, 액체에서 기체로 증발하는 장치입니다. 압력의 변화는 없으며, 온도는 약 3℃ 정도로 높아 집니다. 응축기와 마찬가지로 수냉식과 공랭식이 있습니다. 겨울철 히트펌프 사이클이 잘 순환되기위해서는 증발기 주변의 온도가 -5℃보다 높아야 합니다. 실외기보다 약 15℃ 온도를 가진 지열이 더 효과적인 이유가 바로 여기에 있습니다.

제로에너지건물에 이용 시 겨울철에는 응측기가 실내측에 놓여지고 실외기는 증발기가 되며, 반대로 여름철에는 증발기가 실내측에 놓여지고 실외기는 응측기가 됩니다. 이러한 기능은 사방밸브를 통해 가능합니다.

23 에너지 자립을 위한 태양광전지판 설치공사

*전전화 건물(All-Electric Building): 건물에서 사용하는 모든 에너지를 '전기'로만 공급받는 건물을 말합니다. 즉, 가스나 석유 같은 화석연료를 전혀 쓰지 않고, 냉난방·급탕·조리·조명·가전제품까지 모두 전기로만 운영되는 건물로 탄소 배출을 줄이고, 재생에너지를 적극 활용하며, 안전성과 효율성을 동시에 높이는 미래형 건축 방식으로, 제로에너지건축의 필수 조건이기도 합니다.

지열히트펌프, 열회수환기유닛 모두 전기로 작동되는 설비입니다. 제로에너지건축은 화석연료를 사용하지않고 전기로만 운영되는 건물입니다. 이를 전전화 건물이라합니다. 제로에너지건축은 건물에 필요한 에너지를 신재생으로 생산하여 사용합니다. 대표적인 신재생에너지로는 태양광, 태양열이 있습니다. 태양광전지판은 실리콘 반도체로 태양빛이 닿으면 전자가 튀어나와 전류가 흐릅니다. 이 전류(DC)를 모아 인버터기를 통해 건물에서 사용할 수 있는 교류(AC)로 바꿔, 기계설비 및 사무기기에 사용하거나 남는 전기는 전력망으로 보낼 수도 있습니다.
지붕 위는 태양광전지판(PV 모듈)을 설치하기 매우 좋은 환경입니다. 많은 전기를 생산하기 위해서는 PV 모듈을 남향 25°~45°의 기울기로 설치하는 것이 좋습니다.

태양광 모듈(PV 모듈)의 크기는 보통 1m × 2m 정도이며, 1m²당 약 200W의 전력을 생산할 수 있습니다. 하루 평균 약 3.5시간 동안 발전한다고 가정하면, 연간 총 전기 생산량은 3.5h/day × 365day × 200W/m² × 0.8(인버터 및 시스템 효율 계수) = 255kWh/m²·년 이 됩니다. 이는 태양에너지량으로 환산했을 때 약 13~15% 수준의 효율입니다. 주택에서는 보통 3kW(약 15m² 면적) 정도의 태양광 설비를 설치합니다.

태양광 전지판은 그늘이 지지 않도록 설치하는 것이 가장 중요합니다. 특히 지붕 난간으로 인해 생기는 그림자가 모듈에 드리우지 않도록, 지붕 모서리에서 충분한 거리를 두고 설치해야 합니다. 또한 PV 모듈은 나뭇잎이나 새의 배설물 등 오염 상태를 쉽게 확인하고 청소할 수 있도록, 사람이 눈으로 직접 확인할 수 있는 낮은 위치에 설치하는 것이 유지 관리에 유리합니다. 이 경우 모듈은 10°, 15°, 20° 정도의 경사각으로 단순 남향 배치 대신 동-서향 배치가 더 유리할 수도 있습니다. PV 모듈은 지그재그 형태로 배치되어, 일부는 동쪽을 향하고 일부는 서쪽을 향합니다. 이렇게 하면 아침·저녁 시간대에도 발전을 활용할 수 있고, 정오 무렵에도 태양이 높이 떴을 때 양쪽 모듈에서 동시에 발전이 가능합니다.

설치 방식은 기본적으로 콘크리트 블록에 고정용 프레임을 나사로 고정하고, 추가로 블록, 돌 등 무거운 자재로 채워진 트레이(받침대)를 이용해 무게를 실어 안정성을 확보하는 방법을 사용합니다. 하지만 이러한 트레이는 매우 무겁기 때문에 반드시 지붕의 허용 하중을 고려해야 합니다. 또한 설치 시 강풍에도 모듈이 안전하게 고정되도록 바람 조건을 충분히 검토해야 하며, 겨울철에는 적설(눈)이 낮은 경사면에 오래 머무를 수 있다는 점도 고려해야 합니다. 가을철 낙엽 역시 모듈 위에 쌓이면 그림자를 만들어 발전 효율을 떨어뜨릴 수 있으므로 주기적인 청소가 필요합니다. 따라서 물청소가 가능하도록 옥상에 수도꼭지를 함께 설치해 두면 관리가 훨씬 편리해집니다.

24 계절 특성을 고려한 태양열집열판 설치공사

*온수탱크: 태양열 집열판과 지열히트펌프에서 만든 뜨거운 물을 저장하고, 난방 또는 생활용 온수(샤워, 세면, 주방 등)에도 쓰이는 장치입니다. 탱크안에 스테인리스 코일이 들어 있어 이 코일을 통해 찬 수돗물이 지나가면서, 순간적으로 온수로 변환됩니다.

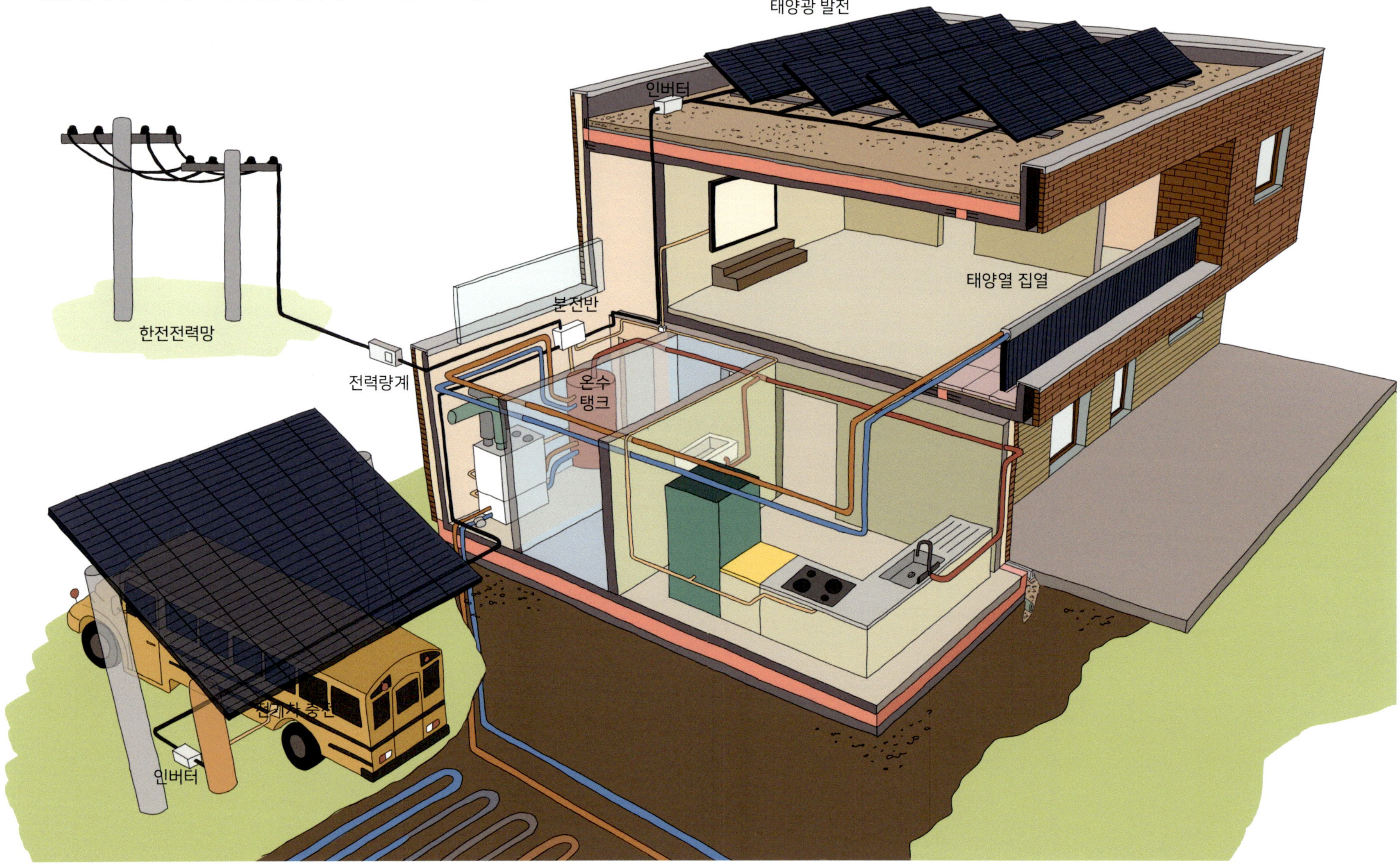

태양광 발전
인버터
태양열 집열
분전반
한전전력망
전력량계
온수
탱크
전기차 충전
인버터

태양광 발전은 낮 시간대에 집중되는 반면, 건물의 전기 사용은 아침·저녁 시간대에 집중됩니다. 즉, 전기가 필요한 시간과 발전하는 시간이 일치하지 않는 경우가 많아 실제 건물에서 활용되는 에너지 효율은 더 떨어질 수 있습니다. 이를 해결하기 위한 방법은 다음과 같습니다.

◎ 계통 연계형(Grid-connected): 낮에 남는 전기를 전력망으로 보내고, 밤에는 전력망에서 다시 공급받는 방식입니다. 다만 이 경우, 완전한 의미의 제로에너지건축(에너지 자립)은 아닙니다.

◎ 배터리(ESS, Energy Storage System): 낮에 남는 전기를 저장했다가 밤에 사용합니다. 하지만 충·방전 과정에서 약 10~20%의 손실이 발생합니다.

◎ 에너지 수요관리(Energy Demand Management): 전기차 충전, 온수기 가동, 세탁기 사용 등 전기 사용을 낮 시간대로 집중시켜 태양광 발전 시간과 맞추는 방식입니다.

태양열 집열판은 태양빛을 흡수해 열에너지로 바꾸고 물을 데우는 장치입니다. 쉽게 말해, “햇빛을 받아 물을 데우는 큰 온수기”라고 할 수 있습니다. PV 모듈(태양광 패널)의 효율이 약 15% 수준이라면, 태양열 집열판은 약 60%의 높은 효율을 보이는 매우 효과적인 기술입니다. 또 하나의 중요한 특징은, 태양열 집열판에서 생산된 열은 건물에서 직접 모두 소비된다는 점입니다. 이는 외부 에너지 유입을 줄여주며, 에너지 자립형 건물에서 꼭 필요한 설비입니다.

집열판의 표면은 검은색 흡수판으로 되어 있어 햇빛을 최대한 받아들입니다. 흡수판 안에는 구리 또는 알루미늄 파이프가 연결되어 있으며, 그 속으로 물(또는 열매체액)이 흐릅니다. 햇빛을 받아 뜨거워진 흡수판은 파이프 속의 물을 데우고, 데워진 물은 저장탱크로 이동해 샤워·세면·세탁 등 다양한 용도로 사용됩니다.

집열판은 크게 두 가지로 나눌 수 있습니다.

◎ 평판형 집열판 (Flat Plate Collector): 유리판으로 덮은 단순한 구조로, 내구성이 높고 디자인 활용성이 좋습니다.

◎ 진공관형 집열판 (Evacuated Tube Collector): 유리 진공관 속에 흡수관이 들어 있는 구조로, 열 손실이 적어 겨울이나 흐린 날에도 높은 효율을 유지합니다.

태양열 온수는 여름보다 겨울에 더 필요한 신재생에너지입니다. 따라서 집열판을 남향 90° 각도로 설치하면, 태양 고도가 높은 여름보다 오히려 겨울철 낮은 태양 고도에서 더 많은 온수를 생산할 수 있어 효과적입니다. 생산된 온수는 온수탱크에 저장해, 낮 동안 모은 열을 필요한 시간에 사용할 수 있습니다. 이때 온수탱크는 열 손실을 막기 위해 실외보다 실내에 설치하는 것이 좋으며, 집열판과 탱크를 연결하는 배관 역시 철저한 단열 시공이 필요합니다. 또한 여름철 과도한 온수 생산을 방지하기 위해, 필요 온수량의 약 50% 수준으로 설비 용량을 맞추는 것이 바람직합니다.

25 자연 채광이용 조명 설비공사

*룩스(Lux, lx): 조도의 단위로 얼마나 밝게 빛을 비추고 있는지를 나타내는 숫자입니다. 1룩스는 촛불하나가 1m 떨어진 곳의 밝기 정도입니다. 또한 1룩스는 1m^2 면적에 1루멘(광속)의 빛이 고르게 비출 때의 밝기입니다.

실내 환경에 필요한 빛의 밝기(Lux)를 유지하기 위해 조명을 설치합니다. 제로에너지건축에서는 에너지를 절약하면서도 쾌적한 실내환경을 만들기 위한 빛환경을 고려해야합니다. 먼저 자연 채광을 최대로 이용하며, 형광등보다 2배 이상 효율이 좋은 LED등 적용하고 마지막으로 스마트제어 시스템을 통해 제로에너지건축에 어울리는 조명 설비를 구현하게 됩니다.

⦿ 자연채광: 자연채광은 말 그대로 햇빛을 건물 안으로 끌어들여 실내를 밝히는 기술입니다. 창, 천창, 루버, 빛선반, 광덕트 등 다양한 장치를 활용해 햇빛을 실내 깊숙이 유입시키면서도 눈부심과 과열을 막는 것이 핵심입니다. 일반적으로 창과 가까운 부분은 햇빛이 강하게 들어오고, 창에서 먼 쪽은 빛이 부족합니다. 이를 보완하기 위해 차양장치 제어 기능과, 빛이 고르게 퍼지지 않을 때는 조명의 밝기를 자동으로 조절하는 디밍(Dimming) 기술이 함께 적용됩니다. 겨울철에는 태양의 고도가 낮아져 직사광선이 깊숙이 들어오는데, 이때 눈부심 현상이 크게 나타납니다. 따라서 외부 차양장치를 두더라도, 실내 차양장치를 함께 설치한다면 눈부심을 줄이고 빛의 세기를 조절할 수 있습니다. 여름철에는 강한 일사량을 막기 위해 차양장치를 가동하지만, 동시에 자연광을 실내로 들이기 위해 이중 슬랫 제어 기술이 적용됩니다. 이 방식은 하부 슬랫은 닫아 눈부신 빛을 차단하고, 상부 슬랫은 열어 간접광이 들어오도록 하는 원리입니다. 또한 슬랫 각도 조절 기술을 활용해, 들어오는 빛의 각도에 따라 반사각을 조정하여 빛이 천장으로 반사되도록 합니다. 반사된 빛은 실내 전체로 부드럽게 확산되며, 마감재의 반사 성능까지 고려해 설계하면 햇빛을 깊숙이 끌어들이면서 빛의 세기도 효과적으로 조절할 수 있습니다.

⦿ LED(Light Emitting Diode) 조명: 전기를 흘려주면 빛을 내는 반도체 소자를 이용한 조명입니다. 쉽게 말해, 전기를 아주 적게 쓰면서도 밝은 빛을 내는 전구"라고 할 수 있습니다. 특히 센서(인체감지, 조도감지)와 연동해 자동 점·소등이 가능하며 디밍 기술 적용이 용이해 제로에너지건축에 꼭 필요한 기술입니다.

슬랫 이중제어를 통한 빛 조절

⦿ 스마트제어시스템: 실내·외 환경과 사람의 활동을 감지해, 조명을 자동으로 켜고 끄거나 밝기를 조절하는 기술입니다. 인체 감지 센서를 통해 조명을 자동으로 켜고 끌 수 있으며, 모니터링 설비를 연결하여 실시간으로 검토하고 필요없는 실의 조명은 꺼주는 자동제어를 할 수 있습니다. 또한 AI학습을 통해 특정 시간에 자동 점등하거나, 스마트 기기와 연동하여 외부에서도 건물내 조명을 확인·제어할 수 있어 보안에도 유리한 기술입니다.

26 에너지모니터링 설치공사

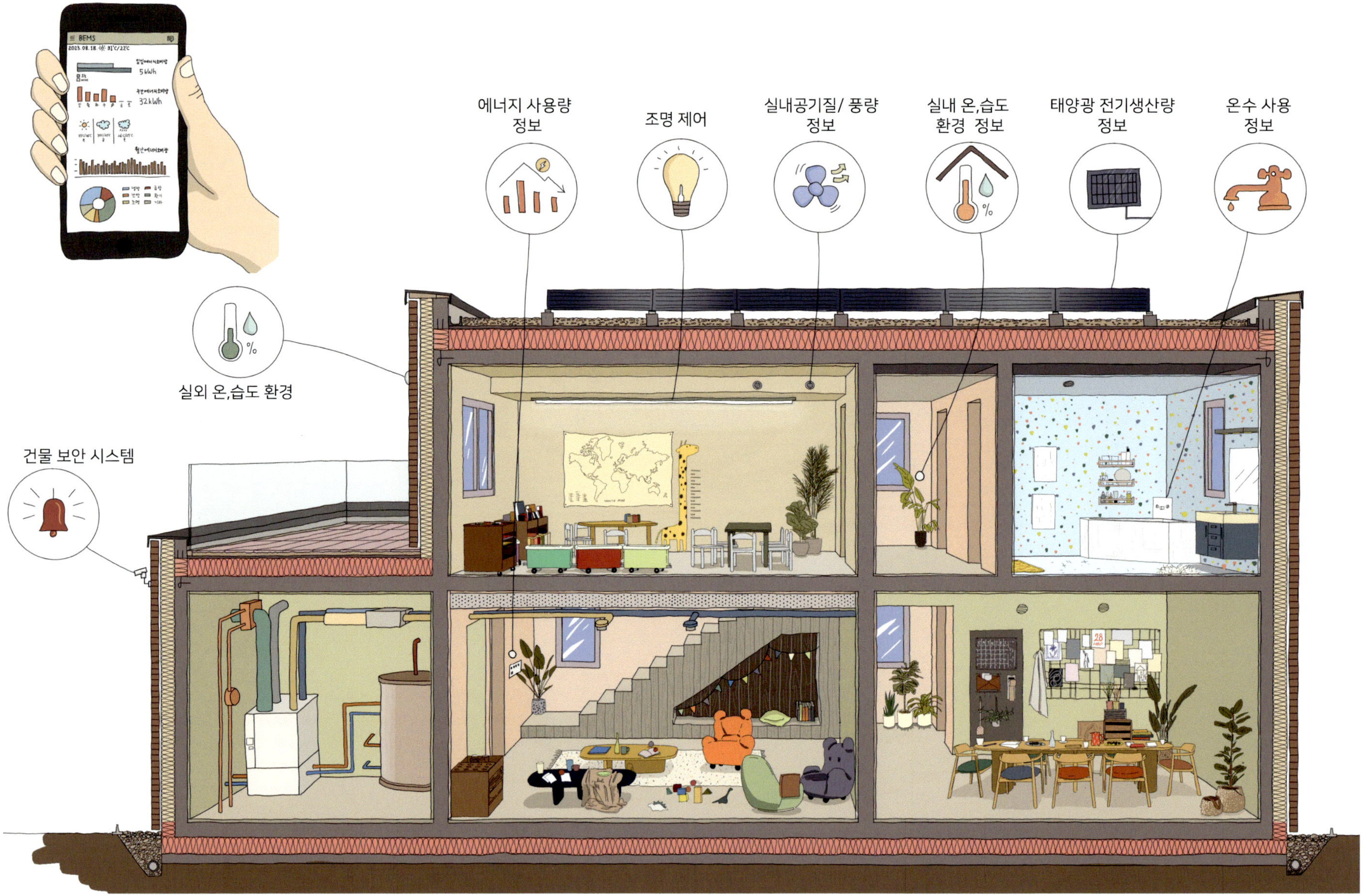

BEMS
에너지 사용량 정보
조명 제어
실내공기질/ 풍량 정보
실내 온,습도 환경 정보
태양광 전기생산량 정보
온수 사용 정보
실외 온,습도 환경
건물 보안 시스템

건물에너지 모니터링 설비(Building Energy Monitoring system, BEMs)는 건물에서 사용되는 모든 에너지를 실시간으로 측정·기록·분석하는 시스템으로 사용자가 어떤 방식으로 건물을 이용하는지에 대한 정보를 제공하는 시스템입니다.
창호의 개폐에 대한 정보, 차양설비, 환기설비, 냉난방 설비 및 조명설비의 작동정보 뿐 아니라 실내의 온도, 습도, CO_2농도, 사용시간 등의 다양한 정보를 제공합니다. 이를 통해 건물에서 생산되고 사용되는 에너지의 양을 알 수 있어 에너지 절약을 위한 생활을 계획하고 실천할 수 있습니다. 또한 설비의 효율 저하나 고장에 바로 대응할 수 있기 때문에 건물을 지능적으로 관리할 수 있습니다.

먼저 계측기기 설치공사를 진행합니다. 전력 계측기는 분전반에 설치해 조명·콘센트·냉난방 등 용도별 전기 사용량 측정합니다. 열량계(Heat Meter)는 난방·급탕 배관에 설치해 물의 유량과 온도차를 계산하여 공급되는 열사용량을 모니터링할 수 있게합니다. 풍량계: 급기량·흡기량 등 공급량을 계측하여 모니터링을 할 수 있게합니다. 온·습도 등 관련 센서를 설치해 실내 환경(온도, 습도, CO_2 농도 등) 측정 및 기기 설비에서 공급(물, 공기)되는 온도를 측정합니다.

통신선 및 네트워크 공사를 진행합니다. 각 센서를 유선(LAN 등) 또는 무선(Wi-Fi 등)으로 중앙 모니터링 장치와 연결합니다. 네트워크 안정성을 위해 전용 회선을 두어 실시간 데이터 수집·저장·분석이 가능하도록 서버·게이트웨이·모니터링 패널을 설치한 중앙 모니터링 장치까지 연결합니다.

그리고 지열히트펌프, 태양열, 열회수환기장치, 가동형 차양장치, 펌프 그리고 조명을 자동제어 할 수 있도록 연계하는 데이터 통합 작업을 진행합니다. 실내 조도·재실 여부에 따라 자동 디밍·소등, 지열히트펌프와 태양열의 경우 외기 온도·실내 온도·부하 상태를 종합 분석하여 불필요한 운전을 최소화 하며, 열회수환기장치의 경우 CO_2·미세먼지 농도에 맞춰 환기량을 자동으로 조절해주며, 온수 사용 패턴을 학습해 필요한 시간대만 가동되도록 제어하도록 프로그램화 시키는 작업을 합니다. 특히 전기사용량이 특정 시간에 급증하면 일부 부하(조명 밝기 감소, 냉난방 일부 축소)를 줄여 전기요금 상승을 방지하는 피크 전력관리도 가능하며, 에너지 최적화 알고리즘을 통해 날씨 예보에 따라 미리 냉난방 운전을 시작하거나 필요한 열량을 확보해 효율적으로 피크시간대를 조절하는 똑똑한 관리가 가능해 집니다. 항상 건물주나 사용자에게 에너지 사용량, 절감효과 그리고 비교데이터를 제공하기 때문에 사용자는 스마트기기를 통해 내용 확인이 가능합니다. 마지막으로 센서가 정확하게 계측하는지, 통신이 안정적인지 확인하는 시운전 및 검증을 수행하는 과정을 거쳐야 합니다.

27 AI와 IoT가 결합된 건물유지관리

*스마트건물(Smart Building): 사물인터넷(IoT)·인공지능(AI)·자동제어 시스템을 활용해 건물의 에너지, 설비, 보안, 실내환경을 지능적으로 운영·관리하는 건물입니다.

즉, 단순히 사람이 스위치를 켜고 끄는 건물이 아니라,

건물 스스로 데이터를 수집하고

분석해 필요할 때 필요한 만큼만 에너지를 쓰고,

쾌적하고 안전한 환경을

자동으로 제공하는 건물이

스마트건물입니다.

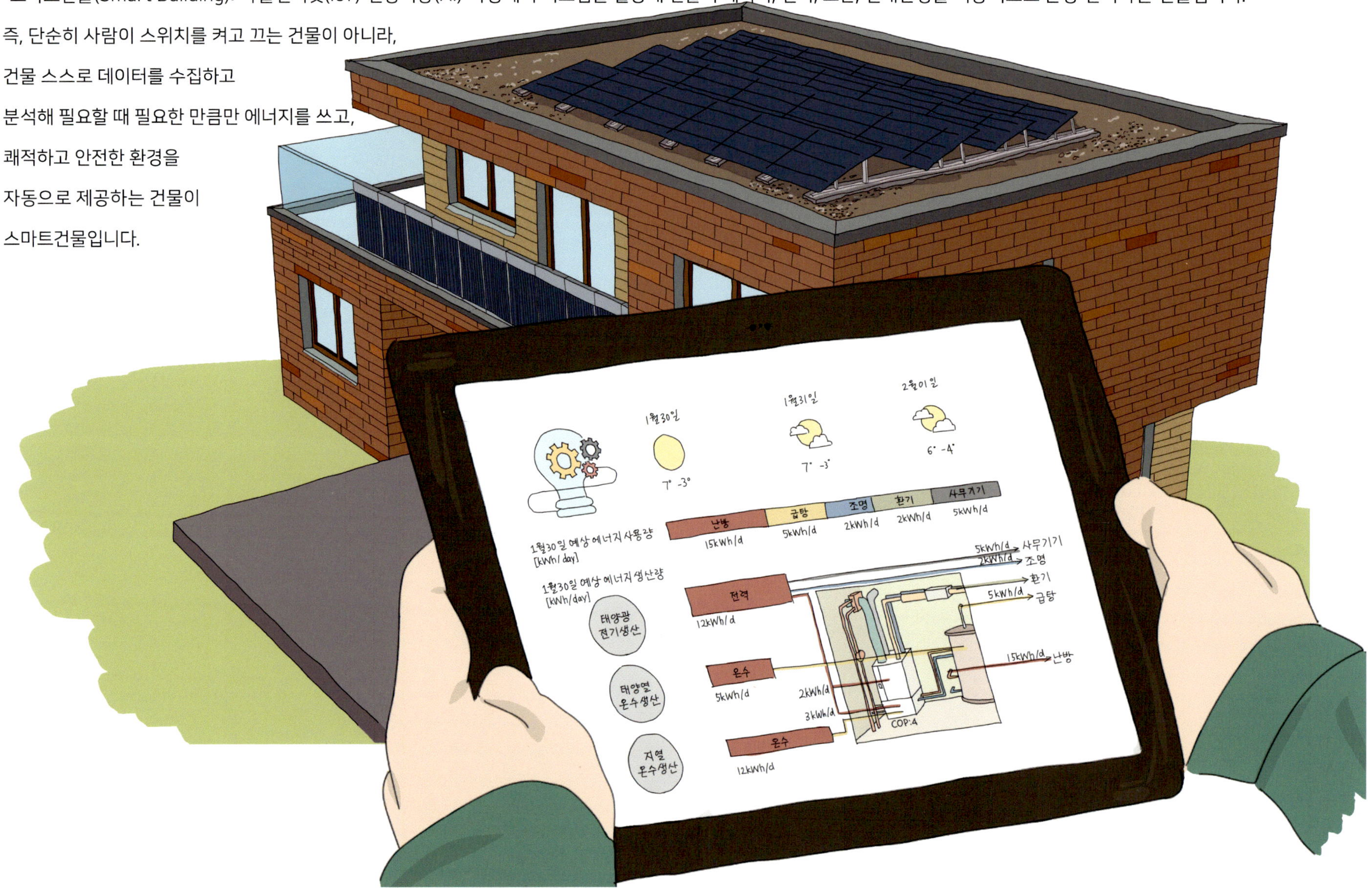

AI와 IoT 기술이 통합된 제로에너지건물은 자동 에너지 제어, 지능형 유지관리, 그리고 쾌적한 실내환경을 제공합니다. 이 건물에도 해당기술이 적용되어 유지관리가 되고 있습니다. 건물 내 IoT(사물인터넷)가 센서, 카메라, 스마트 온도 조절기, 조명 제어 장치, 보안 시스템에 설치가 되었습니다. 이러한 기기는 온도, 습도, 재실 여부, 에너지 소비량 등 건물 환경에 대한 데이터를 수집하며 원격 또는 자동으로 제어할 수 있도록 해줍니다. 또한 인공지능(AI)가 적용되어 컴퓨터가 데이터를 통해 학습하고 명시적으로 프로그래밍하지 않고도 의사 결정이나 예측을 할 수 있도록 해줍니다. AI는 IoT 기기에서 생성된 방대한 양의 데이터를 분석하여 패턴을 찾거나 정보를 기반으로 조치를 취할 수 있습니다. AI와 IoT가 결합되면 IoT 기기가 데이터를 수집하고 AI가 이를 분석하여 빌딩을 "스마트"하게 만듭니다.

◎ 데이터 수집: IoT 센서가 건물의 모든 부분에서 온도, 조도, 재실 여부, 공기질, 에너지 소비량 등 정보를 수집합니다.
◎ 데이터 전송: IoT 기기가 이 데이터를 중앙 시스템이나 클라우드 플랫폼으로 전송합니다.
◎ 데이터 분석: AI가 데이터를 처리하여 조치가 필요한 패턴이나 변화를 찾아냅니다.
◎ 자동 제어: AI 분석을 기반으로 IoT 기기는 조명 켜기/끄기, 난방/냉방 조절, 문 잠금 등 건물 시스템을 자동으로 조정합니다.
◎ 지속적 학습: AI는 새로운 데이터를 통해 학습하고 시간이 지남에 따라 제어 결정을 개선합니다.

스마트한 제로에너지건축물은 AI와 IoT 기술 통합을 통해 다음과 같은 내용을 확인하며 유지관리를 할 수 있습니다.

◎ 에너지 관리: AI는 에너지 소비 패턴을 분석하고 조명, 난방, 환기, 냉방(HVAC)을 조절하여 에너지를 절약하는 동시에 거주자에게 편안함을 제공합니다.
◎ 재실 감지 및 공간 최적화: 센서는 방이나 구역에 몇 명이 있는지 감지 후, AI는 데이터를 사용하여 필요한 곳에만 조명과 냉난방설비를 제어하여 낭비를 줄입니다.
◎ 예측 유지 관리: AI는 IoT 센서 데이터를 통해 장비 상태를 모니터링하여 기계 또는 시스템 고장 발생 시기를 예측하고 고장 발생 전에 적시에 수리할 수 있도록 도와 줍니다.
◎ 강화된 보안: AI는 비디오 피드와 센서 데이터를 분석하여 이상 활동을 감지하고 보안 담당자에게 자동으로 경보를 발령합니다.
◎ 실내 공기질 모니터링: 센서는 오염 물질과 습도를 추적 후 환기 시스템을 제어하여 공기를 신선하고 건강하게 유지합니다.
◎ 개인 맞춤형 쾌적함: AI는 개인의 선호도를 학습하고 조명, 온도 또는 소리를 조절하여 더 나은 사용자 경험을 제공합니다.

28 ZEB 1등급 건물

*리트로핏(Retrofit): 증축이나, 구조적 변경없이 기존 건물에 적용된 자재, 설비를 새로운 기술로 적용해 성능을 개선하는 것을 말합니다. 지어진 건물을 최신형 건물처럼 업그레이드하는 작업입니다.

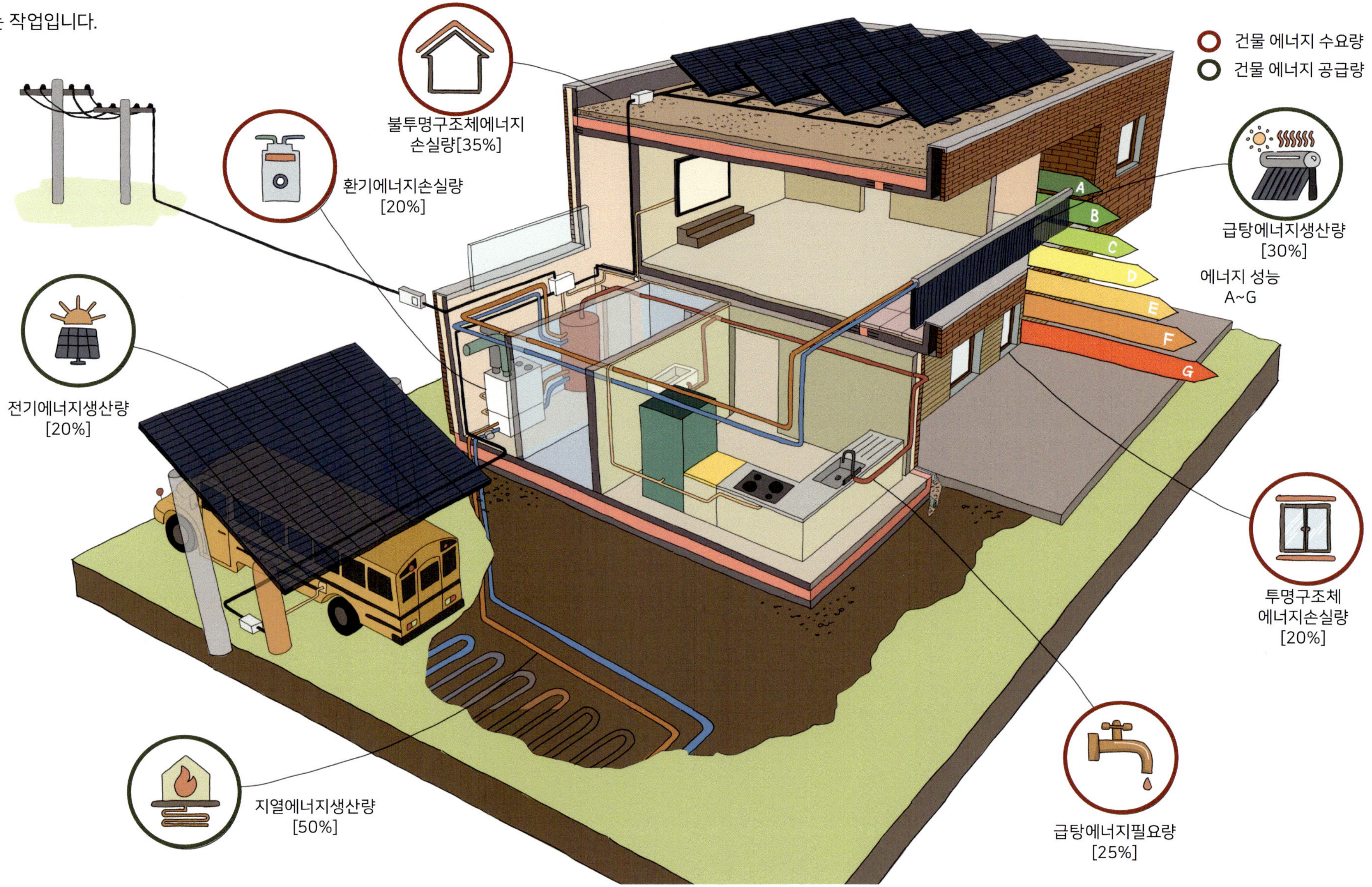

건물 에너지 수요량

건물 에너지 공급량

불투명구조체에너지
손실량[35%]

환기에너지손실량
[20%]

급탕에너지생산량
[30%]

에너지 성능
A~G

A
B
C
D
E
F
G

전기에너지생산량
[20%]

투명구조체
에너지손실량
[20%]

지열에너지생산량
[50%]

급탕에너지필요량
[25%]

제로에너지건물을 설계할 때에 건물에너지해석 도구를 사용하지만 유지관리할 때에도 사용할 수 있습니다. 쉽게 말해, "건물이 계획대로 제대로 운영되고 있는지 점검하고, 문제를 찾아내는 도구"입니다. 먼저 실제 운영데이터와의 비교 또는 검증이 가능합니다. BEMS(빌딩에너지관리시스템)나 센서에서 측정한 실제 에너지 사용량과, 해석툴로 시뮬레이션한 예상치를 비교하여 차이가 크면 설비 이상, 제어 오류, 사용자 습관 문제 등을 확인 할 수 있습니다.

운전 최적화 시나리오 및 에너지 절감이 가능합니다. 냉난방, 환기, 조명 등 설비의 운전 스케줄을 해석툴로 시뮬레이션 한 후, 불필요하게 가동되는 시간을 줄여 에너지를 절약하게 됩니다. 유지관리를 하면서 건물의 성능 개선 공사(창호 교체, 단열 보강, 설비 교체 등)를 하기 전 리트로핏(Retrofit) 시뮬레이션을 통해 효과와 절감량을 미리 검토하여 경제성 분석이 가능합니다.

또한 거주자 만족도 향상에 활용가능합니다. 온도, 습도, 조도, 공기질 데이터를 반영해 쾌적성을 분석 한 후, 눈부심, 온도 불균형, 과도한 냉방·난방 문제를 개선 할 수 있습니다. 유지관리 단계에서 건물에너지해석툴은 "설계 성능 vs 실제 운영 성능"을 비교·검증하고, 문제 원인을 찾아내며, 최적 운전 전략과 성능 개선 방안을 제시하는 도구입니다. 즉, 해석툴은 건물을 단순히 짓는 단계에서 끝나는 게 아니라, 건물의 전 생애주기 동안 성능을 유지하고 관리하는 데 꼭 필요한 기술이에요

예상 날씨 기후데이터를 활용해 건물의 난방, 냉방, 급탕, 조명 및 환기에 대한 에너지 사용량을 예측할 수 있습니다. 또한 태양광, 태양열, 지열 등 건물에서 발생되는 신재생에너지 생산량을 계산할 수 있습니다. 건물에너지는 건축사가 계산하기도 하고, 에너지 컨설턴트와 함께 계산하기도 합니다. 이러한 에너지 분석은 필요한 열량을 전력비용이 낮은 밤시간에 미리 생산하여 예상 시나리오에 따라 대응할 수 있습니다. 일년동안 에너지를 얼마나 아낄 수 있는지, 특정 기술을 적용했을 때 투자한 비용으로 에너지 절약을 통한 이익을 어떻게 얻을 수 있는지 분석할 수도 있습니다. 이를 통해 건물의 유지비용을 절약하며 건강한 실내 환경에서 지속적으로 생활할 수 있습니다.

ZEROFIX 프로그램은 한국건축친환경설비학회 부설연구소인 패시브제로에너지건축연구소에서 개발하였으며, 이러한 문제에 대응하기위해 실제건물의 에너지사용량과 계산된 에너지소비량을 비교하며, 오차율 및 사용 패턴에 대한 연구를 진행하고 있습니다. 향후 ZEB 인증 건물에서는 건물 유지관리시 ZEROFIX를 통한 업그레이드가 가능할 것으로 생각됩니다.

29 제로에너지어린이집 짓기 교구(ZEKG)

*ZEKG(Zero-Energy Kindergarden): 아두이노 제어기반 프로그래밍/센서 실습이 결합되어 직접 짓는 과정을 체험하는 IT 융합형 어린이집 조립 교구

2층 실내 모습

Scale 1:30 제로에너지어린이집 짓기 교구
(난방, 냉방, 환기, 조명, 태양광 모듈 탑재)

1층 실내 모습

답사를 마치며,

우리는 지금까지 제로에너지 어린이집의 시공 과정부터 사용과 유지관리까지 살펴보았습니다. 건축사의 역할은 이 모든 과정 속에 존재합니다. 이번 답사가 인지에게 많은 도움이 되었기를 바랍니다.

제로에너지건축물인 어린이집 현장 답사를 통해, 친환경 건축의 시공 과정과 에너지 자립의 원리를 직접 확인할 수 있었습니다. 인지는 건축사의 역할이 단순히 건물을 디자인하는 것에 그치지 않고, 사용자에게 건강하고 쾌적한 환경을 제공하기 위해 단열과 축열이 고려된 설계법을 연구하고, 열회수 환기장치와 고효율 냉·난방 설비를 이해하고 적용하는 일임을 알게 되었습니다.

또한 이러한 설비가 에너지 자립적으로 운영되기 위해서는 신재생에너지의 적극적인 활용이 필요하다는 사실도 배웠습니다. 나아가 건물을 사용하는 과정에서도 BEMS와 인공지능 기술을 통해 에너지를 관리하고 절약할 수 있다는 점을 이해하게 되었습니다.

지금까지 배운 내용을 바탕으로 동일한 건물인 제로에너지어린이집 짓기 교구를 통해 다시 한번 내용 점검을 할 수 있습니다. 융합형 STEAM(Science Technology Engineering Arts Mathematics) 교구로, 제로에너지건축 + 메이커교육 + 프로그래밍/센서 실습이 결합된 제로에너지건축 교육용 어린이집 짓기 교구입니다.

- ⊙ 친환경 소재인 자작나무 합판을 이용하여 도면스케일 1:30으로 학생들이 직접 짓는 과정을 체험하는 조립형 교구입니다.
- ⊙ 아두이노 제어기반 LED 조명(전기설계), 환기설비, 냉·난방설비(기계설계), 태양광 설비가 적용 되었으며,
- ⊙ 온도센서, 에너지사용량(조명, 냉·난방 설비, 환기, 태양광) 측정기가 적용된 PCB와 터치 스크린을 이용한
- ⊙ input/output 모니터링 기술이 접목되어, 학생들에게 건축, 프로그래밍, 전기/전자, 제어 및 실험할 수 있는 교육용 교구 입니다.
- ⊙ 열화상카메라, 스모그발생기, 풍량측정기를 활용하여 건물의 성능 검토 및 확인이 가능하답니다.

열화상카메라 측정

교구 에너지 모니터링 작동

건강하고 쾌적한 제로에너지건축에 대한 이해
: ZEB 어린이집 시공 과정에서 사용되는 자재·설비 기술에 대한 이야기

펴낸날_ 초판인쇄 2026년 01월 26일

글_ 박성중
그림_ 박성중, 강하림

펴낸곳_ 도서출판 창조와 지식
후원_ 리뉴빌기술연구소(유)
인쇄처_ (주)북모아

출판등록번호_ 제2018-000027호
주소_ 서울특별시 강북구 덕릉로 144
전화_ 1644-1814
팩스_ 02-2275-8577
ISBN 979-11-6003-999-3(03540)
정가 18,500원

지식의 가치를 창조하는 도서출판
www.mybookmake.com

책을 만들면서...

기후 변화 대응, 탄소 중립, 제로 카본은 이제 더 이상 먼 미래의 과제가 아니라, 우리 모두가 함께 해결해야 할 현재의 숙제가 되었습니다. 지속 가능한 환경을 만들기 위한 노력은 건축 분야에서도 꾸준히 이어지고 있습니다.

이 책은 그중에서도 제로에너지건축을 주제로, 그 과정과 의미를 나누고자 준비되었습니다.
복잡한 글보다는 그림과 시각 자료를 중심으로 내용을 구성하여, 누구나 쉽게 이해할 수 있도록 하였습니다. 특히, 철근콘크리트로 지어지는 어린이집을 예시로 들어 주요 시공 과정을 단계별로 담아, 패시브 기술과 액티브 기술, 그리고 신재생에너지가 건물에 어떻게 적용되는지 자연스럽게 알 수 있도록 했습니다.

무엇보다 이 책은 중학생 여러분을 위한 책입니다. 학교에서 배우는 과학 지식과 연결해 건축을 바라보고, 에너지와 환경 문제를 스스로 고민해 볼 수 있도록 구성하였습니다. 동시에 관심 있는 독자를 위해, 전문적인 내용을 따로 정리해 깊이 있는 학습도 가능하도록 하였습니다.

또한 이 책은 "제로에너지 어린이집 짓기 교구"와 연계되어, 직접 손으로 만들어 보고 체험하는 과정을 통해 학습할 수 있도록 하였습니다. 단순히 책으로만 배우는 것이 아니라, 눈으로 보고 손으로 만지며 이해하는 경험을 통해, 건축을 과학적으로, 체험적으로, 창의적으로 접할 수 있기를 바랍니다.

이 책이 독자 여러분에게 친환경 건축의 의미와 가치를 이해하는 작은 계기가 되기를 바랍니다. 더 나아가, 미래를 살아갈 여러분이 건강하고 지속 가능한 세상을 만들어가는 데 작은 영감이 되기를 기대합니다.

2026년 1월 26일 박성중